U0343701

测绘地理信息科技出版资金资助
陕西师范大学出版基金资助

球面离散格网下的
数字高程建模

Digital Elevation Modeling of the Discrete Global Grid

白建军 侯妙乐 孙文彬 著

测绘出版社

·北京·

内 容 简 介

本书以数字高程建模理论为基础,结合球面三角格网的层次性、连续性和近似均匀性等特性,将全球离散格网与数字高程模型有机地融合在一起,试图为数字高程模型数据的全球一致性表达建立一种数学与信息模型。本书重点研究了顾及地形的椭球面离散格网多级划分及其变形分析、多分辨率连续地表模型建立、全球数字高程模型的层次存储结构和快速索引机制、基于球面三角格网的影像数据和数字高程模型数据的融合与压缩、多分辨率地形可视化,以及全球数字高程模型在水淹分析中的应用等问题。

本书适合于测绘、地理信息、计算机、资源环境及相关学科的本科生、研究生、高校教师及科研院所人员使用。

图书在版编目(CIP)数据

球面离散格网下的数字高程建模/白建军,侯妙乐,
孙文彬著. —北京:测绘出版社,2012.11
ISBN 978-7-5030-2721-5

Ⅰ.①球… Ⅱ.①白… ②侯… ③孙… Ⅲ.①地理信
息系统—系统建模 Ⅳ.①P208

中国版本图书馆 CIP 数据核字(2012)第 244101 号

责任编辑	贾晓林	封面设计	李 伟	责任校对	董玉珍	责任印制	喻 迅

出版发行	测绘出版社	电　话	010—83060872(发行部)	
地　址	北京市西城区三里河路 50 号		010—68531609(门市部)	
邮政编码	100045		010—68531160(编辑部)	
电子信箱	smp@sinomaps.com	网　址	www.chinasmp.com	
印　刷	北京建筑工业印刷厂	经　销	新华书店	
成品规格	169mm×239mm			
印　张	9.25	字　数	175 千字	
版　次	2012 年 11 月第 1 版	印　次	2012 年 11 月第 1 次印刷	
印　数	0001—1200	定　价	29.00 元	

书　号　ISBN 978-7-5030-2721-5 /P・615

本书如有印装质量问题,请与我社门市部联系调换。

前　言

地表是人类社会赖以生存并从事一切实践活动的根基,如何逼真地模拟和表达地球表面,是地学及空间信息等学科多年来研究的一个重点。地球表面在拓扑上等价于球体表面,它和笛卡儿平面有着本质区别。然而,传统上,人们常常采用地图投影的方式将地球表面转换成笛卡儿平面的子集,并以此为基础建立数字高程模型(digital elevation model,DEM),模拟表达地球表面。这种方式在许多应用中被证明是有效的,特别适于表达小范围区域。但是,随着高精度全球数据的获取、计算机性能的增强及全球化的深入,越来越多的宏观应用(如全球环境与资源监测、气候与海洋变化、国防安全乃至战争、数字地球等)需要在全球范围尺度上操作。如果我们继续沿用传统的数字高程模型,会在量算上出现明显的偏差,以及数据重叠、断裂、空间关系不一致等问题,无法实现全球范围内空间数据的无缝连接和共享,使模型的有效性和准确性受到质疑。

为了突破平面的限制,按照地球的真实方式存储、管理、表达空间信息,许多学者研究了全球离散格网(discrete global grid)。它是对(椭)球面的一种可以无限细分,但又不改变形状的地球体拟合格网,当细分到一定程度时,可以达到模拟地球表面的目的。全球离散格网具有层次性、连续性、近似均匀性的特点,有望从根本上解决地图投影带来的数据断裂、变形和拓扑不一致性等问题,作为全球多尺度空间数据融合、共享和操作的框架。近年来,国际学术界和相关应用部门从不同的角度对全球离散格网进行了研究,在计算机、地理、地理信息系统(geographic information system,GIS)、测绘及其他相关专业领域的主要国际会议和国际刊物上,有关这方面的研究论文或工作报告逐渐增多。

国际学术界和相关应用部门对全球离散格网模型的理论方法和实际应用做了大量的工作,主要用于解决 GIS 的空间定位、空间索引机制的格网划分上。为了将球面格网应用于全球地表数据建模,实现球面格网和全球 DEM 的有机融合,还存在许多需要进一步研究的问题,如顾及地形的椭球面格网多级划分及其特性分析、多尺度格网数据的层次关联综合机制和基于全球三角格网的连续索引及快速邻域搜索技术等。

作者从攻读博士学位开始进行相关问题的研究,至今已有十年时间。其间先后参加两个国家自然科学基金项目研究,并获得国家自然科学基金面上项目的资助。基于我们对球面离散格网系统及数字高程建模的研究成果,本书针对顾及地形的椭球面离散格网多级划分及其变形分析、多分辨率连续地表模型建立、全球

DEM 的层次存储结构和快速索引机制、基于球面三角格网的影像数据和 DEM 数据的融合与压缩策略、多分辨率地形可视化等问题进行了较为系统的研究,将全球离散格网与数字高程建模相结合,试图为 DEM 数据的全球一致性表达建立一种数学与信息模型。我们深知,本书所反映的研究工作进展,还只是构建全球多尺度 DEM 的一个尝试,希望借此能推动我国在全球离散格网数据模型方面的研究进展。

书中引用和参考了大量的国内外文献,笔者对各位原作者表示真挚的谢意!如有引用不当或曲解原意之处,敬请原谅并盼指正!

本书在研究和整理过程中,得到了国家基础地理信息中心陈军教授和中国矿业大学(北京)赵学胜教授的悉心指导,值此书稿完成之际,首先向两位教授表示诚挚的感谢!同时感谢国家基础地理信息中心的蒋捷研究员、赵仁亮博士、刘万增博士,国家测绘地理信息局发展研究中心的乔朝飞博士,陕西师范大学的曹菡教授,中南大学的周晓光教授,首都师范大学的王艳慧副教授,郑州大学的闫超德副教授,对本书相关研究提出的宝贵意见和建议!感谢陕西师范大学硕士研究生王磊、张海龙、李乐乐等同学,他们分别参与了本书的资料整理、文字校核和插图绘制等工作!

感谢国家自然科学基金(40971213、41171310、40971238)和陕西师范大学出版基金的资助,使我们能够顺利进行相关课题的研究。由于作者水平有限,书中难免挂一漏万,其中错漏和不当之处恳请各位学术前辈和同行批评指正。

作　者

2012 年 9 月于西安

目 录

Contents

第1章 绪 论

1.1 引 言

地形是人类社会赖以生存并从事一切实践活动的根基。千百年来,人们生活在地球上并与这个地球表面时时处处发生着联系:地质学家研究地表结构,地质生态学家研究地表形态和地物的形成过程,而测绘工作者则对地形起伏进行各种测量,并用各种方式如地图和正射影像等描述地形。尽管专业领域不同,研究的侧重点各异,但所有的工作都是希望能用一种既方便又准确的方法表达实际的地表现象(李志林 等,2000)。

一种古老而有效并一直沿用至今的较为精确表达地表的方式是地形图。它是在地图投影的基础上建立的。地形图的表现形式由传统的模拟向数字化方向发展,数据处理逐步自动化、实时化,用途也日益多样化。当前广泛采用的是数字形式的地形图,即数字高程模型(digital elevation model,DEM),它不但为人们提供了最基础的地理信息框架数据,而且发展成为人们解决许多问题的一个有力工具。对于小面积区域,以投影后平面剖分为基础建立的传统 DEM,不仅能逼真地表达局部地球表面,增进人们对地形本质的认识和理解,同时还可以辅助人们进行各种量算、分析、设计和可视化模拟等,成为处理其他许多问题的基础。

但是,随着社会的发展,人类活动及其影响的范围不断扩大,越来越多的全球性事务要求人们去面对和处理,如全球环境与资源监测、气候与海洋变化、国防安全乃至战争、数字地球的建立等。在对这些问题进行研究与分析的过程中,不但要求测绘地理信息部门能够快速提供全球范围任意地区的准确现势的基础地理信息数据,而且需要以这些数据为基础,完成对研究区域越来越精确的模拟表达。目前,人们通过各种对地观测手段,已经能够快速地获取到海量的全球地形数据。但如何利用这些数据逼真地模拟表达地球表面、建立全球 DEM、辅助人类分析和处理全球性事务,仍是地学和空间信息科学等学科亟须解决的关键问题之一。

DEM 以地图投影为基础,将研究区域投影在平面上,选取一些离散点,将它们按照一定的规则连接构网,完成对研究区域的剖分铺盖(tessellation),并获取这些点的高程值,通过建立相互连接的一系列局部表面或面片,完成 DEM 建模。常用的两种 DEM 表达形式是规则格网(regular square grid,RSG)和不规则三角网(triangulated irregular network,TIN)。规则格网 DEM 是对投影平面进行规则剖分,是以正方形剖分为基础建立的,不规则三角网 DEM 是以不规则三角形剖分为基础建立的。对于小面积区域来说,其与投影后的笛卡儿平面子集具有拓扑一致性,投影误差不大,一方面投影后的平面能够进行规则剖分,以此可以建立规则格网 DEM;另一方面也可以对投影后的平面进行不规则剖分,建立 TIN。而对于整个地球来说,由于其是一个近似的椭球体,地球椭球面属于非欧氏空间,若采用传统的地表模拟方法,把球面投影到平面,将会导致长度、面积等几何量算产生明显的偏差(周成虎,2004),而且会出现数据重叠、断裂及空间关系的不一致问题(Dutton,2000;Gold et al,2000;周启明,2001),无法实现全球范围内空间数据的无缝连接。由此可见,基于平面剖分的 DEM 建模方法,适合表达和处理地球表面局部区域数据,不适用于全球地形的模拟表达(Dutton,1996;Sahr et al,1998)。

地图投影系统虽然为空间数据的处理提供了极大的自由度,使得局部复杂的球面数据能够在平面上更加方便的处理,但同时也给全球数据的管理和分析带来了诸多不利的影响(赵学胜,2002)。不同的国家和地区,为了使各自国家范围内的区域在投影后各种变形能满足一定的精度,采用了不同的投影方法,在边界上容易出现空间数据的断裂和重叠,导致全球空间数据实体的不连续。即使采用同一种投影,也无法完全避免边界上出现的数据断裂和不连续现象。采用小比例尺投影(如兰勃特投影)时,其投影变形严重,转化集成数据精度差,度量系统不可靠,分析困难甚至无法进行;大比例尺投影(如高斯-克吕格分带投影)用于大区域时将产生跨带裂缝、地形数据难以进行全局统一分析等操作。

以大比例尺高斯-克吕格分带投影为例,应用于大面积区域,会引起下面一系列的问题:

(1)由于地球表面是一个不可展为平面的曲面,在将该曲面转换为平面的过程中,不可避免地产生裂缝或褶皱。在高斯投影中,为了控制投影误差,整个地球表面被划分成许多投影带,各个投影带内的数据分割成图幅进行管理。这样,跨带之间会存在裂缝,图 1.1 为高斯投影后带来的分带裂缝现象。对于 6°带的高斯投影,两个投影带之间的裂缝(按照投影后的高斯横坐标计算)在我国最北部(北纬 54°)约为 275 km,在中部地区(北纬 36°)约为 127 km,而在南部(北纬 18°)约为 32 km。这样,造成全球空间数据实体的不连续,邻带各个图幅之间需要进行复杂的拼图接边,对于大区域,不能实现全局连续可视化。

(2)在投影过程中,位置、方向和面积大小将会出现一系列不同程度的变形,区域越大变形越大,在表达大范围区域时很难真实地反映地表特征(Nicholas et al,1995)。高斯投影中,只有中央经线无投影变形,同一纬线上,离中央经线越远,变形越大。例如在 6°带边缘地区,长度变形值超过千分之一,而对于 3°带的边缘地区,长度变形值也仅减小至万分之三左右(施一民,2003)。为了进行高精度的量算和分析,需要添加大量复杂的改正计算,增加了较大的工作量。

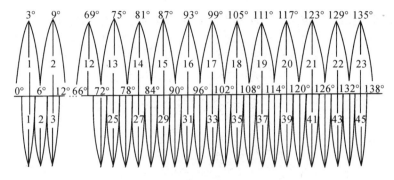

图 1.1　分带高斯投影后各个投影带间的裂隙示意图

(3)在高斯投影系统中,定义全域准确的度量十分复杂,实施较为困难。用于地图投影的度量空间,采用欧氏平面距离代替球面大圆距离,将地球上各向异性的球面空间扭曲为各向同性的欧氏空间,使得大区域的距离、方位、面积的量算是不精确的,甚至是没有意义的,而基于这种量度的地理分析在大区域也就缺乏必要的可信度(胡鹏 等,2001)。

(4)难以进行数据的交换和共享。由于高斯投影的复杂性、各区异性,难以进行规范的分解合并工作,不便于空间信息系统的动态变化和扩张。大地坐标系(即全球时空基准与框架)总是随着技术的进步而不断精化,它的变化对传统空间数据表达的数字地图带来至今无法解决的问题(李德仁 等,2004)。特别需要指出的是,由于 GPS 技术和整个卫星大地测量、卫星重力测量等技术的飞速发展,全球时空基准与框架不断精化,其周期越来越短,最终必将走向实时动态化。因此,以存储某一坐标系下的坐标串为主要方式的空间信息系统是适应不了这种变化的(赵学胜 等,2007)。

(5)传统平面格网模型已不能满足全球海量数据的多分辨率(层次)表达需求(Mosatafavi,2001;赵学胜,2002)。例如,利用逐步层次显示技术,从亚洲范围视图逐步放大到北京天安门局部细节视图,在每一步放大过程中,空间三维椭球面向二维平面转换的机理和参数都不相同(林宗坚,1999);另一方面,不同的分辨率可能选择不同的投影方法和不同的分带标准。例如,我国小比例尺地图采用兰勃特投影,如 1∶100 万地图;而大、中比例尺地图则采用高斯-克吕格投影,如 1∶50 万～1∶5000 的地图;另外,在同一投影系统中,1∶5 万的地图采用 6°带,而 1∶1 万的地图则采用 3°带。这说明现有模型的数据结构和表达模式是以平面投影为基础的,从本质上看是单一尺度的,很难满足全球海量数据从宏观到微观(或从微观到宏观)多分辨率计算和操作的要求。

与高斯-克吕格投影类似,对于小比例尺较常采用的兰勃特投影来说,也存在下面两方面的问题:一是投影变形更大;二是当沿着经线方向拼接时,因拼接线分别处于上下不同的投影带,投影后的曲率不同,致使拼接时产生裂隙,如图 1.2 所示。

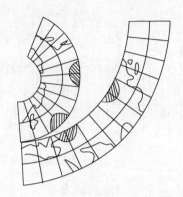

图 1.2　兰勃特投影引起的裂隙

　　总之,对于全球范围而言,在传统地图投影基础上建立的 DEM,不可避免地会出现投影变形和数据裂缝的问题。进而造成传统的 DEM 已不能满足数字地球真三维连续多分辨率和多用途的需要。为了有效地在全球范围内存储、分析、处理及应用全球地形数据,从根本上解决上述问题,就需要寻求一种新的全球地形模拟和表达方法。

1.2　全球地形表达研究现状及分析

　　目前,地形表达研究大多都是针对较小区域,将其投影到平面上实现地形建模和表达。对于大区域乃至全球而言,相关的研究和方法比较少。为了避免传统 DEM 在全球地形模拟和表达中出现的裂缝和变形问题,美国乔治亚州技术学院负责研制的 VGIS(virtual geographic information system)(Koller et al,1995;Lindstrom et al,1997;Faust et al,2000),采用统一的数学基础框架,利用四叉树和共享缓冲存储数据结构建立全球数据模型。它首先将整个地球按经纬度分成 32 个 $45° \times 45°$ 的区域,每个区域作为一个四叉树的根结点,按经纬度逐层细分,细分后的每个区域建立一个局部坐标系统,如图 1.3 所示。细分的层数根据需要而定,区域内地形数据用规则格网表达。最后,将这些不同区域的数据整合在一个统一的坐标系统下,用层次四叉树数据结构组织管理。可视化时,采用 Lindstrom 于 1996 年针对规则网格 DEM 提出的连续细节层次模型(continous level of detail,CLOD)绘制方法(Lindstrom et al,1996)实现。该方法是把地形分割成若干小块,每块作为一个可细分的连通图模型,通过自下向上递归合并三角形逐步简化,实现连续多分辨的全球地形可视化。与此类似,美国海军研究生院研发的 NPSNET 系统(Falby et al,1993)对 50 km×50 km 的地形进行了可视化,通过数据分页和

CLOD 实现了大区域地形可视化。

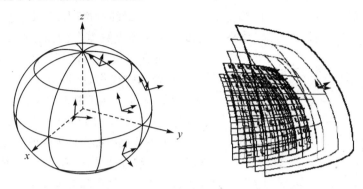

图 1.3　VGIS 的全球数据分块及其层次结构框架

　　以此方式模拟全球地形,不仅有效地避免了分带投影带来的数据褶皱和缝隙,而且便于全球数据的检索查询及多分辨操作。但是该系统仍有一些显著的缺点:首先,在局部区域仍然采用平面投影表达曲面地形,仍不可避免地会带来投影误差;其次,随着分辨率的提高,该系统采用的局部坐标系会多达数万个,这样增加了系统的数据转换负担,不利于数据的实时处理;最后,在多分辨率模型生成时,数据的简化针对的是单个三角形,CPU 的负担较重(Bloom,2000;Ulrich,2002)。因此,对于全球地形建模来说,该方法目前较少采用。

　　由于传统的以地图投影为基础的 DEM 模型,不可避免地会产生裂缝和变形问题。为此,众多的学者研究尝试直接以(椭)球面格网为基础,构建全球的 DEM 模型。目前常以经纬度格网和 Voronoi 剖分为基础来建立全球 DEM。

　　——基于经纬度格网的 DEM。

　　基于经纬度格网的 DEM 是以经纬度自然相交生成覆盖椭球面的离散格网点,以这些离散点的高程值阵列作为 DEM 模拟表达全球地形。比较有代表性的有美国地质调查局(United States Geological Survey,USGS)提供的 GTOPO30 数据和 ETOPO5 数据、美国国家影像制图局(National Imagery and Mapping Agency,NIMA)提供的数字地形高程数据(digital terrain elevation data,DTED)(NIMA,2003),以及美国国防制图局(the Defense Mapping Agency,DMA)和美国国家航空航天局哥达德宇航中心(National Aeronauties and Space Administration,NASA/Goddard Space Flight Center)编辑的 JGP95E5′数据等。

　　其中,GTOPO30 数据、ETOPO5 数据以及 JGP95E5′数据均采用全球固定间隔经纬度划分的格网,用以确定全球 DEM 的离散高程点位置,如图 1.4 所示。GTOPO30 数据每隔经度纬度各 30″给出一个高程点,整个地球划分成 33 个区域,每个区域作为一个独立的文件进行管理,各个区域内的高程点数据以二进制和以行为主的方式存储,如图 1.5 所示。JGP95E5′全球地形数据库(the JGP95E5′

global topographic database)分辨率为$5'\times5'$,用关系数据库进行管理,共2 160个记录,每个记录对应一个$5'$的纬度带。总之,对于经纬度格网 DEM 数据目前多是以行为主的二进制格式存储,该格式在每个格网顶点只需存储该点的高程值。这

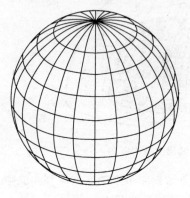

图1.4　基于经纬度划分的格网

样对于任意一块规则区域,就只需存储元数据(包括起始点坐标、格网分辨率、行列数等)和高程值串即可。其中高程值采用大二进制(binary large object,BLOB)字段存储。由于大多数的关系数据库都支持 BLOB 字段,因此,除使用文件系统存储外,DEM 格网数据可以使用大多数的关系数据库和对象关系型数据库方便地存储(王永君 等,2001)。我国基础地理信息数据库中1∶25万,1∶5万 DEM 数据库也提供该格式的地形数据(王东华 等,2001,2003)。

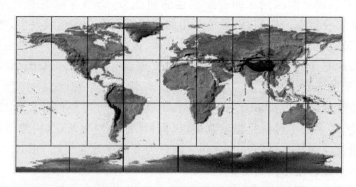

图1.5　基于经纬度划分的全球 GTOPO30 数据块

　　美国国家航空航天局开发的虚拟行星探测工程(virtual planetary exploration project,VPE)(Hitchner,1992)完成了对行星表面的实时交互显示,尽管是针对行星,但和地球表面建模有许多相似的地方。它用四叉树层次结构来建立多分辨率数字表面模型。较著名的类似软件还有美国斯坦福国际咨询研究所(Stanford Research Institute International,SRI)的 TerraVision 地形浏览器,该浏览器的初级版本支持对小范围地形的快速显示,后来其新版本 TerraVisionⅡ则实现了在因特网上对地形的快速浏览(Reddy et al,1999)。2005年,谷歌发布了极具震撼力的全球三维搜索工具——谷歌地球(Google Earth)。由于该软件面向大众,易学易用,在推出之后立即得到了广大用户的高度评价,同时也在学术界掀起了一股研究全球空间信息系统的浪潮。与 Google Earth 有异曲同工之妙的还有 NASA 发布的 World Wind。它们均是建立在经纬度格网之上的全球三维地表浏览系统。

中科院遥感所杨崇俊研究员领导的研究小组,在其数字地球原型系统的开发中,利用经纬度格网构建了全球地形表面模型(芮小平 等,2003;张立强 等,2003)。孙洪君等基于经纬度格网发展了全球地表的可视化方法(孙洪君 等,2000)。它们均是将经纬度坐标转换成三维直角坐标,以二维矩形格网为基础,通过连接矩形格网对角线的方法将二维格网转换成球面不规则三角网,并以此为基础构建全球 DEM 模型,如图 1.6 所示。

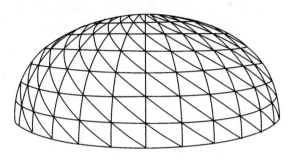

图 1.6 基于经纬度格网生成地球表面

采用固定间隔的经纬度格网对椭球面进行剖分,是应用最早的、最常规的科学查询和空间剖分方法之一,它非常符合人们的习惯(以经纬度表示的坐标系统被人们广泛采用),与其他坐标系统之间的转换简单,便于用一般的显示设备进行制图或表达。此外,经纬度格网 DEM 数据也比较容易进行规范化管理,能方便地进行显示。但是这种经纬度格网也存在着明显不足:

(1)从赤道到两极,经纬度格网在面积和形状上的变化越来越大(Sahr et al,1998),致使同一层次格网的几何变化不在同一个量级上,甚至格网形状也发生变化,在两极为三角形,其他地区为四边形,而且这种变化并没有顾及地形起伏因素,其不规则性也使层次之间缺乏明显的关联特征,不利于全球多分辨率数据的操作。

(2)经纬度格网的不规则性也使得分布于全球的离散高程点不均匀,例如对于 GTOPO30 数据来说,位于赤道上的离散高程点之间的距离大约为 1 km,随着纬度的增加,格网点之间的距离越来越短,造成了大量的数据冗余。

针对固定间隔经纬度格网存在的上述问题,一些机构和学者采用了较为灵活的经纬度格网划分方法,试图克服这些缺点。美国国家影像制图局提供的 DTED 采用了分带统一的格网间隔划分方法。对于 DTED 提供的第一层次数据来说(图 1.7),纬度间隔保持 3″不变,而经度

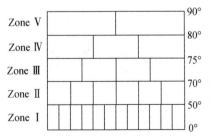

图 1.7 DTED 数据的格网结构

则采用了不同的间隔:纬度为 $0°\sim50°$,经度间隔为 $3''$;纬度为 $50°\sim70°$,经度间隔为 $6''$;纬度为 $70°\sim75°$,经度间隔为 $9''$;纬度为 $75°\sim80°$,经度间隔为 $12''$;纬度为 $80°\sim90°$,经度间隔为 $18''$。Bjørke 等采用与 DTED 类似的格网划分方法,称为 FFI 格网(Bjørke et al,2003,2004),其划分方法更细,进一步保证了格网的近似相等。

与固定经纬度间隔的方式相比,DTED 的格网划分方式虽然在一定程度上减少了数据冗余,但其格网划分仍然不均匀,因而仍具有上述缺点。Bjørke 的 FFI 格网虽然保证了格网面积的大致相等,格网较均匀,减少了数据冗余,易于完成基于离散点的表面建模,并能方便地进行统计计算,但其格网不具有层次性和嵌套性,难以进行连续的多分辨率表面建模,其格网的划分如图 1.8 所示。

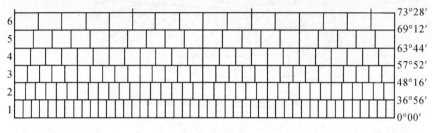

图 1.8　FFI 格网结构

——基于 Voronoi 剖分的 TIN 数字高程建模。

Lukatela(1987,1989,2000)在 Hipparchus 系统中提出了一个无缝的全球地形模型,该模型采用统一的全球坐标系统,在球面 Voronoi 多边形剖分的基础上,在每个剖分的 Voronoi 多边形区域建立 TIN 模型来模拟表达全球地形,如图 1.9 所示。该模型以 Voronoi 单元构建系统的索引机制,其球面 Voronoi 生长点(点集)的分布是根据不同应用标准组合的,如数据密度分布、系统操作类型和最大最小单元限制等。在 Hipparchus 系统中,格网单元是根据实体数据的密度大小进行自适应调整的,即自适应格网或不规则格网。

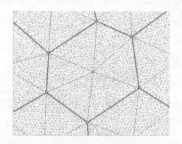

图 1.9　Hipparchus 系统的 Voronoi 剖分及其内部 TIN

　　Kolar(2004)提出一个格网剖分方案,用于建立全球海量 DEM 数据的细节层次(level of detail,LOD)模型(图 1.10)。其剖分格网的空间索引建立在基于 Voronoi 格网的多层次剖分单元上,索引的每一个层次由半规则分布在球面单元的一系列质心点确定。

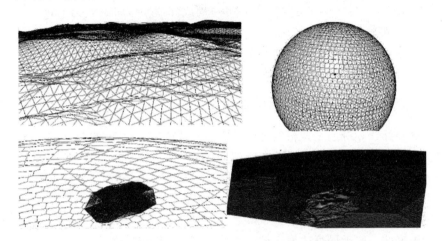

图 1.10　基于 Voronoi 格网的全球 DEM 数据层次索引及其对应的 TIN 结构

　　该模型也是建立在对球面剖分的基础上的,因而不会产生投影带来的变形和裂缝问题,实现全球无缝表达,便于数据的查询检索,且数据疏密变化可根据球面表达需要进行调整,即当球面粗糙或变化剧烈时,在同样大小的区域该模型则包含大量的数据点;当表面相对单一时,在同样大小的区域该模型则只需较少的数据点。另外,该模型还具有考虑重要表面数据点的能力。但是该模型数据存储和操作复杂,而且层次之间关联困难,难以生成多分辨率模型,其算法也比较复杂。因而一般不用于大区域地形的表达。

　　综上所述,基于经纬度格网的 DEM,其格网点分布不均匀,格网单元的面积变化较大,且此变化没有顾及地形起伏,存在数据冗余;基于 Voronoi 的 TIN 模型数据存储和操作复杂,而且层次之间关联困难,难以生成多分辨率模型,其算法也比较复杂,不适合于模拟表达全球地形。

1.3　全球离散格网研究现状及分析

　　地图投影解决了曲面到平面的转化问题,丰富了空间数据处理的自由度,使球面局部复杂数据可以在平面上处理。这在以纸张为主要信息载体的过去是必需的,除此之外别无选择(张永生 等,2007)。但随着全球问题研究的深入,越来越多的宏观应用(如全球环境与资源监测、气候与海洋变化、国防安全乃至战争、数字地球等)需要在全球范围尺度上操作。如果继续沿用地图投影,将球面或椭球面数据转换到平面上处理,则会出现许多问题:在基础的长度、面积等几何量的量算上,会引起明显的偏差,且出现数据重叠、断裂及空间关系的不一致性等问题(Dutton, 2000),无法实现全球范围内空间数据的无缝连接(高俊,2004),其有效性和准确性受到质疑(Lukatela,2000;赵学胜 等,2007;周成虎,2004;周成虎 等,2009)。

为了突破平面的限制,按照地球的真实方式存储、管理、表达空间信息,许多学者研究了球面格网系统。球面格网系统分为基于经纬线划分的格网系统、基于正多面体划分的格网系统、基于 Voronoi 划分的格网系统和混合格网系统。

1.3.1　基于经纬线划分的格网系统

基于经纬线划分的全球格网已广泛应用于地球表面建模,也最早应用于实践。很多机构和学者利用经纬线直接在球面上划分格网,可以分为等间隔经纬度格网和不等间隔经纬度格网。也有学者将球面投影到平面上,利用经纬线划分格网,严格来讲,这是一种基于投影的平面格网划分方案。

等间隔经纬度格网有 GTOPO30 数据、ETOPO5 数据,以及美国国防制图局和美国国家航空航天局哥达德宇航中心编辑的 JGP95E5′ 数据。不等间隔经纬度格网包括 DTED 格网、FFI 格网等,其优缺点详见 1.2 节。

此外,Ottoson 和 Hauska 使用椭球面四叉树剖分法在参考椭球面上建立了等积格网系统,该方法计算量大,格网内部虽可连接成四叉树,但格网之间连接困难(Ottoson et al,2002)。

赵学胜等(2009)提出了一种球面退化四叉树格网,其本质仍然是采用经纬线划分格网,除顶三角形外,其余都为四边形,随着剖分层次的增加,剖分单元趋于矩形单元。但其面积和形状均有变化,依据不同纬度划分的区域,其格网划分方案也不同,区域和区域之间的格网和区域内部的格网有不同的拓扑关系,连接较为复杂。

基于经纬线划分的格网,最突出的优点是易于实现格网编码,且不需要复杂的地理坐标变换;缺点是两极地区格网的退化以及面积形状变形较大,两极需要作特殊处理,不便于统计分析。该类格网应用较广,常常被作为单一尺度的空间数据组织和管理的基础,其应用相对其他类型的格网来讲已趋于成熟。

1.3.2　基于正多面体划分的格网系统

为了克服经纬度格网非一致相邻性、非均匀性和极点奇异性等缺陷,近年来研究的一个热点是基于多面体剖分的全球格网,又称为全球离散格网(discrete global grid)。在 20 世纪 80 年代末,许多学者为满足不同的应用需求研究了基于规则多面体剖分的球面格网数据模型。基本方法是把球体的内接正多面体(正四面体、正六面体、正八面体、正十二面体、正二十面体)的边投影到球面上作为大圆弧段,形成球面三角形(或四边形、五边形、六边形)的边覆盖整个球面(图 1.11),作为全球剖分的基础。然后对球面多边形进行递归细分,形成全球连续的、近似均匀的球面层次格网结构。

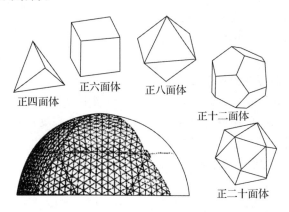

图 1.11　基于五种正多面体的球面剖分

　　全球离散格网具有层次性、连续性、近似均匀的特点,既克服了经纬网的上述缺陷,又摒弃了传统地图投影的束缚,而且其格网地址码具有唯一性与区域独立性,既表示了空间位置,也明确表达了比例尺和精度,具有处理全球多分辨率海量空间数据的潜在能力(Dutton,2000)。

　　相关研究成果及其应用主要包括:全球空间数据的层次索引(Fekete et al,1990;Goodchild et al,1991;Otoo et al,1993;Bartholdi et al,2001;Ottosm et al,2001;Kolar,2004;Vince,2006;Sahr,2005,2008;李德仁 等,2003,2006)、全球环境监测模型(White et al,1992;Olsen et al,1998;White,2000;Satoshi et al,2010)、全球气象模拟(Thuburn,1997;David et al,2002)(图 1.12)、空间数据质量与制图综合模型(Dutton,1996,2000)、全球导航模型(Lee et al,2000)、全球格网定位系统(Sahr et al,2003;贲进,2005;童晓冲 等,2009;童晓冲,2011;Kiester et al,2008;关丽 等,2009)、全球影像表达模型(Lugo et al,1995;Seong,2005;Teanby,2006;孙文彬 等,2008;张胜茂,2009)、全球空间格网的数学基础(侯妙乐,2005;陈军 等,2007;侯妙乐 等,2010;Guilloux et al,2009)、全球格网投影及变形分析(White et al,1998;Kimerling et al,1999;赵学胜 等,2005;袁文 等 2005;明涛 等,2007;吴立新 等 2009;Matthew et al,2008;Ma Ting et al,2009)及全球地形格网可视化模型(白建军,2005)。

　　不同的应用往往采用不同的格网系统。如何设计出各项指标都很优秀的格网系统一直是地学研究人员孜孜以求的目标。为此,一些学者先后给出了评价格网系统优劣的标准(Goodchild,1994;Kimerling et al,1999;赵学胜,2002;赵学胜 等,

2007；Gregory et al，2008)。这 14 条评价标准，可以看作是对一般全球格网系统的理想描述，具体内容如下：

(1)剖分格网对全球表面形成完全覆盖，不存在重叠。

(2)剖分格网具有相同的面积。

(3)剖分格网具有相同的拓扑结构。

(4)剖分格网具有相同的几何形状。

(5)剖分格网是紧致的。

(6)剖分格网的边在投影中是直线。

(7)任何两个邻近格网的边是连接这两个格网中心的大弧平分线。

(8)组成格网系统的不同分辨率的格网形成了一个高度规则的层次结构。

(9)一个格网有且只有一个参考点。

(10)参考点到邻近格网是等距的。

(11)参考点和格网具有规则性，且对应一套有效的编码系统。

(12)格网系统与传统的地理坐标具有一个简单的对应关系(或转换关系)。

(13)格网系统的格网具有任意分辨率。

(14)格网参考点是其对应格网的中心。

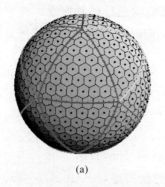 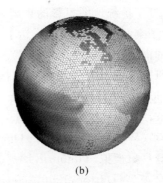

(a)   (b)

图 1.12   海洋表面温度分布格网

注：共 10 242 单元，直径约 240 km，12 个五边形，其余为六边形。

但是，任何一个全球离散格网系统在数学上不可能同时满足上述条件。实际上，某些标准是相互矛盾的，而且部分标准可能在某些方面是重复的。在实际应用过程中，不同的应用条件对标准的要求也不一样，有些应用对某些标准要求高，而对其他标准要求较低。所以，一个比较优秀的格网系统应该是根据具体的应用条件选择一个合理的标准组合。

研究表明，设计一个球面离散格网系统需要确定五个相互独立的要素(Sahr et al，2003)：多面体的选择、多面体的定位、多面体表面的剖分方法、多面体表面与球面的对应关系和点在格网单元中的位置。

　　不论是采用哪种多面体,首次剖分所得到的球面多边形均是规则的,且全部边和内角均相等,其基本特征参见表 1.1(Dutton,1996)。

表 1.1　五种正多面体的基本特征

基本形状	顶点数	边数	面数	VN/F	EN/F	TN/F
四面体	4	6	4	3	3	3
六面体	8	12	6	4	4	4
八面体	6	12	8	3	3	6
十二面体	20	30	12	5	5	5
二十面体	12	30	20	3	3	9

注:VN/F、EN/F、TN/F 表示每一个单元面的顶点数、边数和邻近面数

　　对不同多面体的面进行下一级细分时,会不可避免地出现变化,即剖分形成的球面多边形的边和内角不等。选择不同的内接正多面体会对下一级细分产生很大的影响(Dutton,1996;White et al,1998)。内接正多面体的面数越少,则单个面的面积越大,在一定的细分层次上面积相差就越大,而穿越单元边界的次数就越少。相反,内接正多面体的面数越多,则单个面的面积越小,在一定的细分层次上面积相差就越小,而穿越单元边界的次数就越多。

　　此外,在五个理想的多面体中,只有八面体能够定位到南北极两个极点和赤道上经度 0°、180°,东西经 90°四个点上,即八面体的 12 条边能够和赤道、东西经 90°经线、0°经线和 180°经线对应起来,这样很容易确定球面上的一个点在八面体的哪一个面上。

　　而对多面体的层次剖分,最常用的剖分图形是三角形、四边形和六边形。其中球面三角形格网是最常用的球面剖分格网,不同层次格网具备层次嵌套性,因为不需要作进一步的三角化处理,所以在对地表的多分辨率模拟方面具有优势。球面四边形格网的几何结构比六边形或三角形更简单,具有一致的方向性、径向对称和平移相和性,平面四叉树的许多算法稍做改进就可以应用,在空间操作特别是全球层次索引方面更容易实现。而六边形格网具有邻近一致性(只有边邻近,且每个格网到其边邻近格网距离相等),在动态建模方面具有一定的优势。

　　不论是采用三角形、四边形(菱形)还是六边形剖分图形,剖分格网的构建方法均可以分成两种:一种是借助多面体直接对球面进行剖分,一种是对多面体剖分后投影到球面上形成球面格网。借助多面体直接对球面进行剖分,不论是采用大圆弧还是小圆弧(有可能是经线或纬线),都能够省却多面体的表面到球面的投影转化,摆脱地图投影带来的弊端。但是,White 等人认为这不意味着其比基于投影的剖分更有效(White et al,1998)。

　　基于多面体划分的格网最大优点是层次嵌套,格网面积形状相对均匀,两极不需特殊处理,但是这种格网需要做地理坐标的变换,即要应用现有数据,必须进行

相应的转换。而且,由于格网地址码是隐含地表达空间位置,在频繁处理全球多分辨率数据的过程中,对地址码与经纬度坐标的转换算法提出了更高的要求,现存的算法在速度和编码方案上还存在一些缺陷。从数据结构上看,多面体剖分模型,一般是采用三角形四叉树层次结构作为全球空间数据管理的基础,而传统数据输出(屏幕和地图)经常是长方形的,部分输入数据(如遥感影像)是正方形(栅格)的,这不利于充分利用原有数据资源以及新旧基础数据的接续。

1.3.3　基于 Voronoi 划分的格网系统

基于 Voronoi 划分的格网系统,由于其每个格网点的数据都需要显式记录,数据量巨大,应用于全球数据建模会是一个致命缺陷,因而应用较少,从现有文献看,仅仅被 Lukatela 和 Kolar 用于建立全球海量 DEM 数据的多分辨率模型(Lukatela,2000;Kolar,2004)。

基于 Voronoi 划分的格网系统比前面的规则或半规则剖分格网具有更大的灵活性。其格网的特殊形状能为规则格网提供一个互补的剖分方案。但是,无论怎样,Voronoi 格网是很难进行递归剖分的。从数据结构上看,在这种不规则格网结构中,实体层次的维持是用显式定义的实体关系而不是空间的递归划分,当空间实体在一个特定层次上变化时,这种变化就无法传递到邻近层次(Pang Ming et al,1998),因而,很难进行多尺度海量数据的关联和其他操作,不能适应空间数据局部实时更新的发展趋势。

1.3.4　混合格网系统

GeoFusion 将全球划分成六个区域,其中四个位于南北纬 45°之间,采用经纬度格网划分,两个处于高纬度地区,采用三角形格网划分(GeoFusion,2005)。韩阳等人提出的混合式全球格网划分方案,与 GeoFusion 的格网划分方案类似,在纬度 45°以上区域采用了基于极地等距离范围投影的极地正方形变换进行格网的划分(韩阳 等,2009);在纬度 45°以下区域采用了基于等距离正圆柱投影的格网划分方法。纬度 45°以下区域格网具有等经纬度格网的全部优点,纬度 45°以上区域格网具有三角格网的优点。该方案利用了经纬线格网和正多面体格网两者的优点,低纬地区格网具有经纬度格网的优点,高纬地区具有三角格网的优点,避免了高纬度地区经纬度格网划分带来的变形,但是同一层格网采用不同的划分方案,高纬和低纬分别处理,增加了连接的复杂性。GeoFusion 被 Esri 公司集成在其ArcGIS 系列产品中,用于全球的三维可视化显示(Esri,2005),如图1.13 所示。从应用情况来看,其在全球数据的可视化方面具有一定的优势,在其他方面的应用还有待进一步深入挖掘,也许会成为下一个研究热点。

理想的格网系统应该满足格网形状一致、大小相等、邻接关系简单、层次嵌套等特点。但是由于球面具有特殊的几何性质,不可能设计出同时满足上述条件的格网系统。这从我们上面的分析也可看出,没有一个格网系统能完全满足这些要求。四种格网系统各有优缺点,分别适用于不同场合。例如,当格网系统仅仅被应用于全球空间数据的可视化时,混合格网是一种较为理想的选择;当用于单一尺度的空间数据组织和管理时,应当选用经纬度格网为宜;当用于多尺度空间数据的组织和管理时,应该选用基于正多边形剖分的格网系统;当应用需要基于面积进行统计分析时,应当选用格网面积完全相等的网格系统。总之,在实际应用中,我们应该根据具体应用需求,平衡各种指标,选用相应的、最适宜的格网系统。

图 1.13　全球地形可视化

1.4　本书研究内容及结构安排

1.4.1　本书的研究思路及研究内容

为了逼真地模拟表达真实的地球表面,一个比较理想的全球 DEM 必须满足以下要求:

(1)顾及地球曲率,全球数据连续无缝。

(2)适于多分辨率表达。

(3)空间基准统一,便于数据交换和共享。

(4)数据量尽可能少,便于大规模规范化管理,便于局部数据的存取、检索、处理、显示和更新等。

但是,目前采用的基于经纬线规则格网和基于 Voronoi 剖分的 TIN 数字高程模型,虽然消除了平面投影引起的裂缝和变形问题,仍难以满足上述全部要求。为此,必须探求建立一种新的全球 DEM 尽可能多地满足上述全球 DEM 的要求。这也是地学及空间信息等学科多年来研究的一个重点。

球面离散格网是基于球面的一种可以无限细分,但又不改变形状的地球体拟合格网,当细分到一定程度时,可以达到模拟地球表面的目的(周启明,2001)。它可以作为解决地理信息系统(geographic information system,GIS)空间定位、空间检索机制的网格划分方法,可以作为适应时空坐标系变化的一种空间数据表示和组织方法,能更方便地实现对空间信息资源的整合(李德仁 等,2003,2004,2006)。由于椭球面三角格网具有以下特点:①直接基于椭球面剖分,有望从根本上解决平面格网模型在全球多尺度数据管理上的数据断裂、变形和拓扑不一致性等问题(Gold et al,2000;Dutton,2000);②格网比较规则,便于全球 DEM 数据的规范化管理;③具有层次嵌套性,能相对容易地进行多分辨率表达和操作,便于局部数据的存取、检索等。所以以椭球面四元三角网(quaternary triangular mesh,QTM)为基础构建全球 DEM,是目前比较有效的选择。但上述网格的划分在技术层面上更多地用于 GIS 空间定位、空间检索,为了将(椭)球面格网应用于全球地表数据建模,实现球面格网和全球 DEM 的有机融合,还存在许多问题,需要进一步研究。

首先,需要研究适于地形表达的椭球面格网多级划分方法,并对划分的格网特性进行分析。其次,由于全球格网 DEM 数据量巨大,如何对这些数据进行有效的组织管理并在此基础上提高系统的效率,是 GIS 乃至数字地球建设面临的首要问题之一。因此有必要对这些全球格网 DEM 的数据组织进行研究,将其有效地管理起来,并根据其地理分布建立全球统一的空间索引,进而快速地调度数据库中任意范围的数据,实现全球格网 DEM 数据的检索、存取和更新等。此外,由于影像数据和 DEM 数据的关系密切,数据量巨大,如何基于球面格网实现两者的有机融合,并对这些数据进行无损压缩也是本书的研究重点之一。最后,本书探讨了基于全球 DEM 进行陆地水淹分析的基本思路和算法,并实现了海量全球格网 DEM 数据多分辨率可视化。本书的研究内容框架如图 1.14 所示。

1.4.2 本书的结构安排

第 1 章介绍了本书的研究背景和意义,对国内外全球地形建模及全球离散格网的相关研究现状及存在的问题进行评述,并给出了本书的研究内容。

第 2 章分析了已有的三种球面剖分方法,比较了其优缺点,在此基础上,提出了一种基于 WGS 84 椭球面的 QTM 层次剖分方法,并与基于球面剖分的 QTM 进行了比较,分析了剖分格网的几何变化情况,阐述了该格网剖分的特点。

第 3 章介绍了从现有经纬度格网 DEM 数据获取椭球面 QTM 点高程值的方法,并对其精度进行了分析;提出了基于三角形二叉树的多分辨率椭球面三角格网生成算法,在此基础上完成地球的表面建模。

第 4 章针对前面章节提出的基于椭球面的格网 DEM,设计了一种有效的数据库结构,对全球海量 DEM 数据及影像数据的存储策略及空间索引机制进行了研究。提出了以菱形数据块为基本单元的数据存储方式,和基于菱形的全球 DEM 数据索引和邻域查找算法。

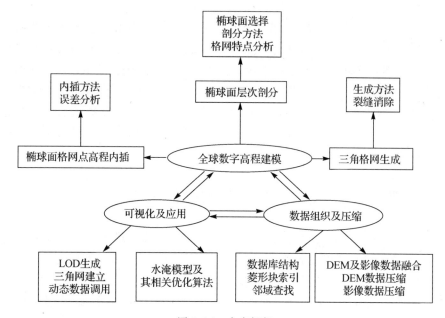

图 1.14 内容框架

第 5 章研究了影像数据从平面格网到球面三角格网的转换,实现了影像数据和 DEM 数据的有机融合,并针对海量的影像数据和高程数据,分别提出了基于邻近预测编码的 QTM 格网无损压缩算法和基于二叉树的多分辨率高程数据压缩算法。

第 6 章提出了基于数据块简化的地形实时绘制框架。该框架能根据视点的变化,动态地更新需要显示的数据层,建立连续的细节层次模型,并结合快速三角网生成、基于块的视域裁剪和动态数据调用等策略,实现全球地形的实时绘制。

第 7 章探讨了球面三角格网 DEM 的典型应用。以基于全球三角格网 DEM 为基础,对给定水位条件下的洪水淹没情况进行分析,并结合相应的计算机算法,对关键问题作了探讨。

第 8 章应用全球 GTOPO30 数据和部分地区的 SRTM3 数据,并将其转化成椭球面三角格网 DEM 数据,通过菱形分层分块进行数据组织,基于前面的索引算法及动态数据调用策略,实现了基于视点的全球地形数据多分辨率可视化,验证了本书所提出的相关方法。

第2章 基于 WGS 84 椭球面的 QTM 层次剖分

构建全球数字高程模型,首先必须完成对地表的剖分铺盖。不同的球面剖分方法对应着不同的表面建模方法,会影响数字高程建模的质量、数据存储和管理的效率以及相应操作功能的实现。本章首先讨论了三种传统的基于正多面体的球面剖分方法,并分析了各自特点,在此基础上,发展了一种基于 WGS 84 椭球面的 QTM 层次方法,以此对研究区域进行剖分铺盖,并确定 DEM 离散点的分布和位置,最后阐述了该方法的优点,认为该剖分方法是较为理想的建立 DEM 的球面剖分方法。

2.1 DEM 与剖分的关系

对于一个 DEM 来说,最基本的要求是要能够准确地描述地面上任一点的高程。然而,由于地面本身的复杂性,同时考虑计算机用离散方式处理连续事物这一特点(例如,计算机处理曲线时是通过一系列离散点连接而成的直线段逼近曲线,而处理曲面时是通过平面片趋近曲面)。因此,严格地说在计算机中用 DEM 是不可能完全精确地模拟连续地形的。地形模拟,从本质上讲是一个趋近的过程。传统的数字高程建模方法是将实际地表投影在平面上,选取一些实测的地面高程点(或通过插值得来),通过它们对这个平面区域进行剖分,并在每个分割的小区域内建立一个局部表面或面片,以此来趋近地形表面。因此,可以说对研究区域的剖分是数字高程建模的基础。

传统的 DEM 以某一区域为研究对象,采用地图投影作为其数学基础,以投影后的二维欧氏平面为基准进行空间定位和分析。对于小面积区域来说,基于投影面规则或不规则的剖分建立 DEM 是完全可行的。这是因为对小区域来说,其和投影后的笛卡儿平面子集拓扑一致,投影误差在小区域内不大。一方面对投影后的平面完全能够进行规则剖分,以此建立栅格 DEM;另一方面也可以基于不规则剖分建立 TIN,其需要记录的数据量也能接受。而全球 QTM 以整个地球作为研究对象,此时必须考虑地球的曲率特征(Bjørke et al,2003,2004)。传统 DEM 基于的投影平面和全球 DEM 基于的椭球面在拓扑、度量、方位上存在很大的不同;二维欧氏平面空间和三维椭球面的空间定位基准不同,用二维欧氏平面坐标系统不能准确地定位地球曲面上地理要素的空间位置;全球 DEM 所面对的数据量是传统 DEM 难以比拟的。因此,全球 DEM 与基于投影面的传统 DEM 的建立方法会有很大的不同。

对于整个地球表面来说,将其投影在多个平面上必然会引起裂缝,产生较大的误差。因此有必要选取一个与地球表面拓扑一致的曲面作为参考面,并以此作为建立 DEM 的参考面。无疑,总地球椭球是最接近地球形状的几何体,以它作为建立全球 DEM 的基准面是合理的。为此,本书将地球表面投影在与其保持拓扑一致的椭球面上,以此作为建立全球 DEM 的基准。但是椭球面是不能完全规则剖分的,因而基于完全规则的剖分建立栅格是不可能的。而如果对其进行不规则的剖分(如 Voronoi 剖分或不规则三角网剖分),则点的分布不规则,其拓扑结构要显式的表达,数据存储和操作复杂,而且该结构层次之间关联困难,难以构建多分辨率的模型,难以进行数字地形分析,对于全球大范围大数据量的地形数据而言,是不可行的。因此,在建立全球 DEM 时,我们选择基于椭球面近似规则的剖分,使选取的点形成一个固定近似规则的格网形状,其拓扑结构可以隐含的表达,这样既减少了数据量,便于数据的规范管理,也比较容易构建多分辨率三角格网。

为了实现对 WGS 84 椭球面的近似规则剖分,有必要对基于正多面体的球面层次细分方法进行研究,以期在此基础上,发展一种适于数字高程建模的椭球面剖分方法。

2.2　基于正多面体的球面剖分方法及其特点分析

基于经纬度的球面剖分方法,由于其格网形状、面积变化较大,格网点分布不均匀,使得 DEM 存在数据冗余,且极点需要做特殊处理;基于 Voronoi 的 TIN 模型数据存储和操作复杂,而且层次之间关联困难,难以生成多分辨率模型,相应算法也比较复杂。因此,我们认为这两种球面剖分方法,对于全球数字高程建模而言,不是最理想的。

而基于球内接正多面体剖分方法,其格网剖分比较规则,格网点分布较均匀,且具有层次性和连续性、全球坐标标准统一的特点,可以用于 GIS 空间定位、空间检索机制的网格划分,也可以作为适应时空坐标系变化的一种空间数据的表示和组织方法,能更方便地实现对空间信息资源的整合(李德仁 等,2003,2004,2006)。可以作为构建 DEM 比较理想的剖分基础。

众多学者(Dutton, 1989,1990,1996;Fekete et al,1990;Goodchild et al,1992;Otoo et al,1993;Yang Weiping et al,1996;White et al,1998;Kimerling et al,1999)对基于正多面体的球面剖分方法进行了研究,见表 2.1。

表2.1　基于正多面体的球面剖分方法

参考文献	正多面体	剖分单元	转换
Alborzi et al,2000	立方体	球面三角形	等面积投影
Bartholdi et al,2001	正八面体或正二十面体	球面三角形	直接球面剖分
Baumgarder,1985	正二十面体	球面三角形	直接球面剖分
Dutton,1984	正八面体	球面三角形	直接球面剖分
Dutton,1999	正八面体	球面三角形	正形垂直三角投影
Fekete et al,1990	正二十面体	球面三角形	直接球面剖分
Goodchild et al,1992	正八面体	球面三角形	普通圆柱投影
Heikes et al,1995	扭曲的正二十面体	正六边形	直接球面剖分
Sadourny et al,1968	正二十面体	正六边形	直接球面剖分
Sahr et al,1998	正二十面体	正六边形	二十面体施耐德等积投影
Song et al,2002	正二十面体	球面三角形	等面积小圆剖分
Thuburn,1997	正二十面体	正六边形	直接球面剖分
White et al,1998	正二十面体	三角形或正六边形	直接球面剖分
Wickman et al,1974	星形十二面体	三角形	直接球面剖分

　　这些剖分方法均以球体的内接正多面体为基础进行球面剖分。这样的正多面体共有五种：正四面体、正六面体、正八面体、正十二面体和正二十面体，并依据多面体的不同划分成五种不同的剖分方法，分别形成球面三角形、球面四边形、球面三角形、球面五边形和球面三角形，如图2.1所示，并以此作为下一层剖分的基础(Sahr et al,1998)。

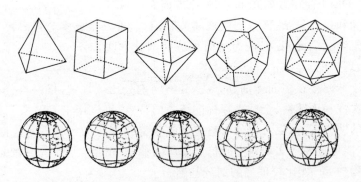

图2.1　正多面体和它的球面剖分

　　通过分析目前球面格网剖分的研究成果，发现球面三角格网是采用最多的球面剖分单元，而且它和球面四边形（菱形）和球面六边形格网的联系非常密切。球面三角格网单元的对偶是球面六边形格网单元，球面菱形格网单元可以看成是由上下边相邻的两个三角形格网单元合并而成的,这三种格网单元各有优缺点并且可以相互转换。它们在同一层次的对应关系如图 2.2 所示。其中,三角形格网单元可以认为是最基本的剖分单元,其他两类单元可以看成是三角形单元的衍生或扩展。

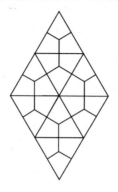

图 2.2　同一层次三角形格网、菱形格网及六边形格网单元的对应关系

2.2.1　三角形格网

三角形格网可以借助正四面体、正八面体和正二十面体剖分获得。对以球面三角形形成的区域进行细分时,主要有两种方法,即四分法和九分法,如图 2.3 所示。其中四分法产生球面三角区域四叉树,即将每个三角形面片剖分成四个较小的近似相等的三角形面片,方法简单。我们将此球面三角形格网称为四元三角格网(quaternary triangular mesh,QTM)格网。QTM 也有很多细分方法,如按边的中点(Goodchild et al,1992)细分或顶点经纬度取平均(Chen Jun et al,2003)等。图 2.4 为基于八面体的四元三角格网层次剖分。目前大多数研究采用了该剖分方法,比较著名的有 Dutton 基于正八面体构建的 QTM 模型(Dutton, 1989)和 Fekete 基于正二十面体构建的球面四叉树(sphere quadtree,SQT)模型(Fekete et al,1990)。选用不同的正多面体,其区别有两方面:一是在于跨越不同的多面体边界及顶点时,格网的拓扑关系不一致,导致边界格网邻域搜索不同;二是采用不同正多面体非等面积划分三角格网时,格网单元的面积和形状变形不同,从正四面体、正八面体到正二十面体,格网的面积和形状变形越来越小。

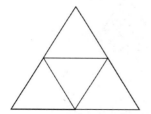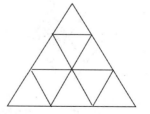

图 2.3　三角格网的四分法和九分法

图 2.4　球面四元三角格网层次递归划分

无论是直接球面剖分还是基于投影的剖分,均可得到近似均匀,甚至面积相等的格网,只是直接球面剖分省缺了平面到球面的转换,但并不意味着其比基于投影的剖分更有效(White et al,1998)。各种剖分方法的主要区别在于格网单元的面积和形状的变形不一样。

三角形格网划分具有一致性,即可以用同种类型划分的三角形面片铺盖整个球面;格网之间的连接也比较简单;不同分辨率格网,满足层次嵌套性;但三角形格网的几何结构较为复杂,不具备一致相邻性,即每个三角形格网到其边邻近和角邻近的格网距离不等;具有不确定的方向性及不对称性,即三角形格网顶点朝向不确定(朝上或朝下两种),使得相关算法较为复杂和困难。

2.2.2　四边形格网

图 2.5 为基于八面体的球面四边形格网划分方案,其中每个四边形格网单元可以看成是由两个边邻近的三角形格网单元组合而成,因此,四边形格网系统可以参照任何一个三角形格网生成,同时其也继承了三角形格网的优点。整个球面可以用一棵四叉树表达,一个球面对应四个基菱形块,每个基菱形块分割成下一级的四个较小的菱形块,如此递归,直到满足一定的需求为止。

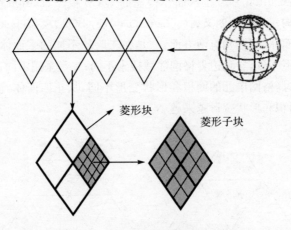

菱形块

菱形子块

图 2.5　球面四边形格网划分方案

本质上菱形格网剖分与 QTM 剖分得到的格网顶点完全相同,如图 2.6 所示,唯一的区别是将两个相邻的三角形单元合并成一个菱形单元。因此,QTM 格网也可以很容易地转化为菱形格网。既然菱形是邻近三角形对,菱形结构可以参照任何一个采用相同投影方式的三角形格网系统。此外,不能直接生成基于球面菱形的全球离散格网,而必须先生成球面 QTM 三角格网,再转换成球面菱形格网(孙文彬 等,2009)。

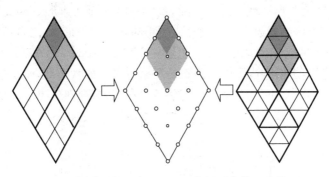

图 2.6　菱形格网与 QTM 三角网顶点的一致性

四边形格网有很多优点,其几何结构比三角形格网的几何结构更简单,类似于正方形格网,具有一致的方向性(uniform orientation)、径向对称(radial symmetry)和平移相和性(translation congruence),因而许多成熟的四叉树算法稍作修改就可以应用在球面四边形格网上。同时,不同分辨率的四边形格网具有层次嵌套性,便于多分辨率的数据组织及压缩存储,图 2.7 为菱形块的四进制 Morton 码与其 Z 型空间填充曲线。每个四边形单元由两个三角形单元组成,可以通过在四边形单元编码后增加一位数字来区分三角形单元编码,这样也将四边形格网和三角形格网有机地联系在一起,使得适用于四叉树的一些空间操作通过变化可以应用于三角形格网。

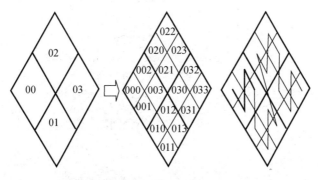

图 2.7　菱形块的四进制 Morton 码与其 Z 型空间索引曲线

2.2.3 六边形格网

从球面几何可知,球面不可能只用六边形将其完全铺盖,其中初始化剖分时的正多面体顶点例外。对于八面体而言,每个顶点上都有直角多边形(图 2.8),首次剖分中有 12 个六边形和 6 个直角多边形;而二十面体有 12 个五边形,且随着格网剖分层次的增加,直角多边形和五边形逐渐变小。也就是说,只有和其他多边形配合使用,才能完全实现对球面的剖分铺盖。另外,球面六边形不具有层次嵌套性,即不可能将一个球面六边形层次剖分成更小的球面六边形;反之,也不可能将几个小球面六边形合并成一个大的球面六边形。只有 Aperture-7[①](A7)的六边形剖分才具有嵌套性。但 A7 的六边形单元并不是严格意义上的六边形,而是带有锯齿状边线的近似六边形格网,如图 2.9 所示。尽管 A7 是一种嵌套剖分,但由于顶点奇异性的存在,在八面体、二十面体或四面体的表面不可能用 A7 进行六边形完全铺盖剖分。

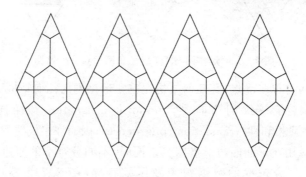

图 2.8   基于八面体的球面六边形格网首次剖分

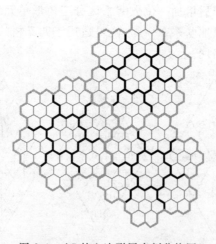

图 2.9   A7 的六边形层次剖分格网

---

① Aperture:孔径,定义为第 k 层和第 $k+1$ 层单元的面积比,即 Aperture=S_k/S_{k+1}。

对八面体的三角形进行六边形格网递归剖分有如下三种类型：C Ⅰ-A4（Class Ⅰ Aperture 4）、C Ⅱ-A4（Class Ⅱ Aperture 4）和 A3（Aperture 3）（Sahr et al，2003），如图 2.10 所示。

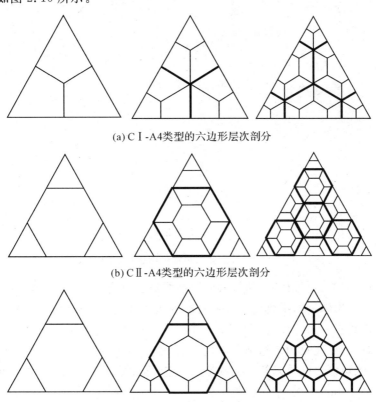

(a) C Ⅰ-A4 类型的六边形层次剖分

(b) C Ⅱ-A4 类型的六边形层次剖分

(c) A3 类型的六边形层次剖分

图 2.10　三种类型的球面六边形格网层次剖分

对于整个球面，三种类型形成不同的全球六边形格网铺盖（贲进，2005），如图 2.11 所示，其中 n 是剖分层数。

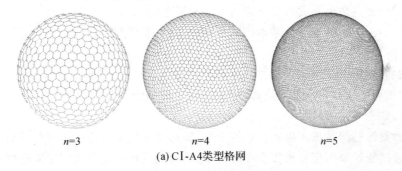

$n=3$　　　　　$n=4$　　　　　$n=5$

(a) C Ⅰ-A4 类型格网

图 2.11　全球六边形格网铺盖

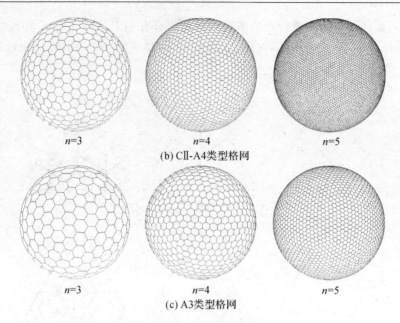

(b) CⅡ-A4类型格网

(c) A3类型格网

图 2.11   全球六边形格网铺盖(续)

与四边形和三角形格网不同,六边形格网铺盖具有邻接一致性(只有边邻近,且单元中心到边邻近的距离相等)、平面覆盖效率和角度分辨率最高等特点,在动态建模方面具有一定的优势(Thuburn,1997)。但是六边形格网有一些致命的缺点,一是球面不可能只用六边形将其完全铺盖,二是球面六边形不具有层次嵌套性。此外,六边形格网单元邻接关系难以判定,导致单元编码和索引的实现比较困难(Zheng Xiqiang,2007)。

2.2.4   三种基于正多面体划分格网的比较

虽然三角形、四边形和六边形三种类型层次格网各具特点,但他们之间有一种内在的对应关系(孙文彬 等,2009)。主要体现在以下几个方面:

(1)球面六边形单元可剖分成六个三角形单元,而菱形单元可剖分为两个三角形。所以,三角形格网是最基本的球面剖分格网,菱形和六边形格网可以作为三角形格网的扩展。

(2)六边形剖分铺盖是一种双重铺盖,它对应于每一剖分层次的菱形铺盖,即菱形的顶点和边的中点是六边形的中心,六边形的顶点是组成菱形的等边三角形的中心,如图 2.12 所示。

(3)菱形格网数据可以在任何情况下,转移至对应的六边形或三角形剖分铺盖上,并通过统计预测模型操作交界处的单元,因而菱形系统也许应作为最好的多重剖分铺盖系统(White,2000)。

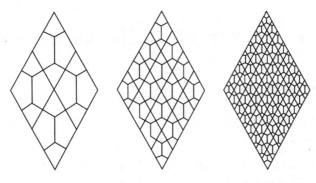

图 2.12　六边形和菱形在三个层次上的对应关系

因此,球面六边形和四边形格网可以通过球面三角格网生成,且这三种类型剖分格网可以相互转换(孙文彬 等,2009)。这三种类型格网在这个球面上的层次剖分如图 2.13 所示,各种剖分方法各有优点:

(1)球面三角形格网是最常用的球面剖分格网,不同层次格网具备层次嵌套性,因为不需要作进一步的三角化处理,在对地表的多分辨率模拟方面具有优势。

(2)球面四边形格网比六边形或三角形的几何结构更简单,具有一致的方向性、径向对称和平移相和性,平面四叉树的许多算法少做改进就可以应用,在空间操作特别是全球层次索引方面更容易实现。

(3)六边形格网具有邻近一致性(只有边邻近,且每个格网到其边邻近格网距离相等),平面覆盖效率和角度分辨率最高,在动态建模方面具有一定的优势。

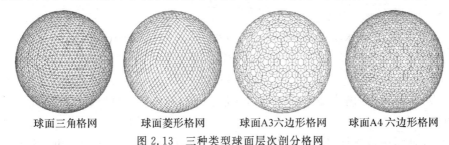

　球面三角格网　　　　球面菱形格网　　　球面A3六边形格网　　　球面A4六边形格网
图 2.13　三种类型球面层次剖分格网

理想的格网系统应该满足格网形状一致、大小相等、邻接关系简单、层次嵌套等特点。但是由于球面具有特殊的几何性质,不可能设计出同时满足这些条件的格网系统。而在实际应用中,对各种指标的要求也不一样,我们应根据具体应用需求,平衡各种指标,设计出相应的最适宜的格网系统。

对于全球数字高程建模来说,相比较而言球面三角格网较为合适,主要原因是三角格网层次剖分嵌套,易于地形模拟,便于空间数据的多分辨率层次表达及规范化管理(White,2000;赵学胜,2002)。然而这种剖分是在球面上进行的,不是对椭球面的剖分,格网剖分没有顾及地球的真实形状,这样在表达地形时不够精确。

2.3　基于 WGS 84 椭球面的层次剖分方法

2.3.1　层次剖分原理

对研究区域进行层次剖分是建立该区域层次多分辨率高程模型的基础。不同的剖分方法一般会产生分布不同的高程点，以此建立的高程模型区别很大。本节在借鉴正多面体 QTM 剖分的基础上，结合 WGS 84 椭球面的几何特点，提出了一种基于椭球面三角格网的层次剖分方法。该剖分方法产生的格网点位比较规则，且分布均匀，其空间关系可以隐含表达，数据存储量小，而且格网剖分具有层次性，便于多分辨率层次表达。

WGS 84 大地坐标系是当前应用最广的全球大地坐标系，它采用在全球范围内与大地体最密合的总地球椭球作为空间基准，是一个全球坐标系。因此，在进行椭球面剖分时，我们选取了 WGS 84 椭球面。

WGS 84 椭球是一个旋转椭球，旋转椭球是椭圆绕其短轴旋转而成的几何体，可以写成下面标准的形式，即

$$g(x,y,z)=\frac{x^2}{a^2}+\frac{y^2}{a^2}+\frac{z^2}{b^2}=1$$

式中，a 是椭圆的长半轴，b 是椭圆的短半轴，椭圆的扁率定义为

$$f=\frac{a-b}{a}$$

扁率反映了椭球体的扁平程度，WGS 84 椭球的相关参数为

$$a=6\ 378\ 137\ \text{m}$$
$$f=1/298.257\ 223\ 563$$

基于 WGS 84 椭球面进行剖分时，我们首先选择该椭球面上的六个点，这六个点包括两极极点、赤道与主子午线、90°、180°和 270°子午线的交点，将这六个点按图 2.14 所示进行连接，形成八个初始的三角形区域 $r_i(i=0,1,\cdots,7)$，由于这些点位于椭球面上，因此我们称之为椭球面三角形，这八个初始的椭球面三角形区域就成为椭球面 Ω 的一个初始剖分 Σ。

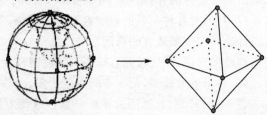

图 2.14　由六个椭球面点连接而成的初始椭球面三角格网剖分

对于椭球面区域 $D \in \Omega$ 的剖分 Σ，Σ 中的每个子区域 r 又可以通过在其边界或内部增加新点来细化成一个子剖分 Σr。在本书中，我们对每个区域三个顶点的经纬度进行两两平分，得到三个新的顶点（这三个顶点位于椭球面上）。将这三个新顶点和原顶点按照如图 2.15 所示方法彼此连线，形成四个新的三角形，用这四个新的三角形替代原来的三角形，就得到一个对椭球面较高分辨率的逼近，如此递归进行，直到满足一定的分辨率要求为止。这样的递归剖分称为四元三角剖分，每次剖分后连接的三角网我们称为 QTM 格网。

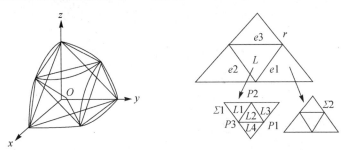

图 2.15　椭球面三角形区域的递归剖分

这里需要指出的是，采用其他剖分方法同样可以得到位置相同的点，例如基于最长边二等分的三角形二叉树的剖分方法（Lindstrom et al，2002）。采用和上述边分裂的方法一致时，所得到的剖分点位置完全相同，只是剖分层数不同而已。如图 2.16 所示，对一个三角形进行一次 QTM 剖分，也可以看成是对该三角形进行了两次最长边二等分分割。这两种不同的剖分方法，尽管会产生相同的数据点，但是它们各自隐含了不同的三角网构建方法。而不同的三角网构建方法形成的表面所表达出来的地形会有很大差异（见 3.2.3 小节格网的生成方法）。

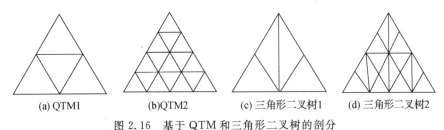

(a) QTM1　　　　(b)QTM2　　　(c) 三角形二叉树1　　(d) 三角形二叉树2

图 2.16　基于 QTM 和三角形二叉树的剖分

图 2.17 是不同层次的 QTM 剖分，其中图 2.17(a) 是第三层剖分，图 2.17(b) 是第五层剖分。需要说明的是，这里的 QTM 格网是基于椭球面的，格网点位于椭球面上，是以总地球椭球面作为空间参考基准的，因此所有的几何量算均可在椭球面上进行。

上述层次剖分是一个三元组，可以表示成 $H = (\alpha, \beta, \gamma)$，其中 $\alpha = (\Sigma_0, \Sigma_1, \cdots, \Sigma_m)$，使得 $\forall j = 0, \cdots, m, \Sigma = (V_j, E_j, F_j), F_j > 1; D(\Sigma_0)$ 覆盖初始区域 D，且 $\forall j > 0, \exists! i < j$，使得 $\exists r_j \in F_i$，有 $r_j \equiv D(\Sigma_j); \beta = \{(\Sigma_i, \Sigma_j) | \Sigma_i \cdot \Sigma_j \in \alpha,$

$\exists r_j \in F_i, r_j \equiv D(\Sigma_j)\}; \gamma: a \to \bigcup_{i=0}^{m} F_j$ 自反: $\gamma(\Sigma_i, \Sigma_j) = r_j \Leftrightarrow r_j \in F_i$ 且 $r_j \equiv D(\Sigma_j)$;
对于每个 $(\Sigma_i, \Sigma_j) \in \beta, \Sigma_i$ 叫作 Σ_j 的父,相反 Σ_j 叫作 Σ_i 的子。

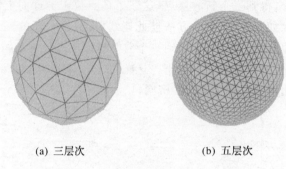

(a) 三层次   (b) 五层次

图 2.17   椭球面在不同层次的递归剖分

2.3.2   剖分格网的几何变化分析

对基于球面 QTM 剖分的计算发现(赵学胜,2002;赵学胜 等,2005):对于球面 QTM 格网空间,随着格网的不断细化,三角形的最大和最小面积的比值与最大和最小边长的比值越来越大,但是其变化速度越来越小,最终收敛到 1.73 和 1.86 左右,都不超过 1.9。

本书计算了基于 WGS 84 椭球面 QTM 不同剖分层次的边长和面积的变化情况。两个顶点 $P_1(\mu_1, \lambda_1)$、$P_2(\mu_2, \lambda_2)$ 之间的大地线长度 S 的计算公式为

$$S = b\int_{\sigma_1}^{\sigma_2} \sqrt{1 + e^{-2}\sin^2\sigma}\, d\sigma = b[\alpha\sigma + \beta\sin 2\sigma + \gamma\sin 4\sigma + \delta\sin 6\sigma]\Big|_{\sigma_1}^{\sigma_2} \quad (2.1)$$

式中,α、β、γ、δ 分别为

$$\left.\begin{aligned}
\alpha &= 1 + \frac{1}{4}e^{-2} - \frac{3}{64}e^{-4} + \frac{5}{256}e^{-6} \\
\beta &= -\frac{1}{8}e^{-2} + \frac{1}{32}e^{-4} - \frac{15}{1\,024}e^{-6} \\
\gamma &= -\frac{1}{256}e^{-4} + \frac{3}{1\,024}e^{-6} \\
\delta &= -\frac{1}{3\,072}e^{-6}
\end{aligned}\right\}$$

σ_1、σ_2 由下式求出,即

$$\left.\begin{aligned}
\sin\sigma_1 &= \sin\mu_1/\cos A_0 \\
\sin\sigma_2 &= \sin\mu_2/\cos A_0
\end{aligned}\right\}$$

式中,A_0 可由大地线克莱劳方程解出,详细过程请参考相关文献(边少锋 等,2005)。

　　为了计算椭球面三角形的面积,我们将其按照纬线划分成许多小的格网条带区域,如图 2.18 所示。设格网条带区域介于纬度 B_1 和 B_2、经差 ΔL 之间,则每个格网条带区域的椭球表面积 Z 采用下列公式计算,即

$$Z = b^2 \Delta L \left[\frac{\text{arctan} h(e \sin B)}{2e} + \frac{\sin B}{2(1 - e^2 \sin^2 B)} \right]_{B_2}^{B_1} \tag{2.2}$$

式中,b 是椭圆的短半轴,e 是椭圆的扁率,B 是纬度。

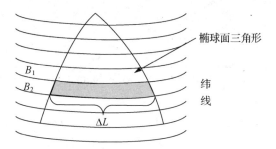

图 2.18　椭球面三角形表面积的递归计算

　　每个格网条带顶点的纬度采用三角形顶点纬度两两平均等分的方法计算,其相应的经度根据归化纬度与大地纬度的关系在球面上求出,再转换到椭球面上,分别取条带左侧两点和右侧两点经度的平均值求得经差,经度的详细计算过程参见相关文献(孔祥元 等,2001)。椭球面三角形的表面积就是这些格网条带表面积的和。计算过程中,我们采用迭代算法,使两次计算结果变化小于 1%,以保证计算精度。

　　椭球面三角形表面积计算结果如表 2.2 和表 2.3 所示。通过与球面 QTM 剖分比较发现:基于 WGS 84 椭球面 QTM 剖分和基于球面 QTM 剖分三角形面积及其最大与最小面积的比值 A_{max}/A_{min} 略有变化,但变化不大,如图 2.19 所示。同样,三角形边长及其最大与最小边长的比值 L_{max}/L_{min} 也略有变化,变化也不大,如图 2.20 所示。其比值分别最终收敛到 1.74 和 1.88 左右,都不超过 1.9。这样保证了 QTM 格网点的近似规则和均匀性。

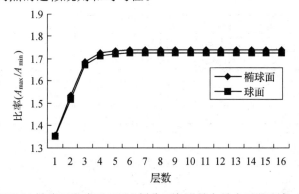

图 2.19　WGS 84 椭球面和球面 QTM 剖分三角形最大最小面积比率 A_{max}/A_{min} 比较

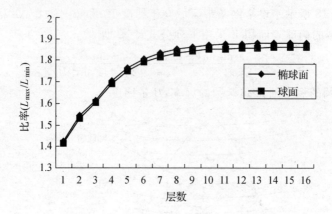

图 2.20　WGS 84 椭球面和球面 QTM 剖分三角形最大最小边长比率 L_{max}/L_{min} 比较

表 2.2　WGS 84 椭球面和球面 QTM 格网在不同剖分层次的面积变化

层次	三角形个数	椭球面			球面			对应比例尺
		最大面积/m²	最小面积/m²	$\frac{S_{max}}{S_{min}}$	最大面积/m²	最小面积/m²	$\frac{S_{max}}{S_{min}}$	
1	4	18 682 860E+06	13 741 375E+06	1.359 61	18 714 788E+06	13 824 186E+06	1.353 77	
2	16	4 871 450E+06	3 169 992E+06	1.536 74	4 882 958E+06	3 217 334E+06	1.517 70	
3	64	1 319 585E+06	782 139E+06	1.687 15	1 320 293E+06	789 190E+06	1.672 97	
4	256	336 456E+06	194 931E+06	1.726 02	336 458E+06	196 352E+06	1.713 54	
5	1 024	84 527E+06	48 695E+06	1.735 83	84 516.1E+06	49 029.0E+06	1.723 80	
6	4 096	21 158E+06	12 172E+06	1.738 28	21 154.2E+06	12 253.6E+06	1.726 37	
7	16 384	5 290 364 481	3 042 757 053	1.738 67	5 290 115 024	3 063 160 475	1.727 01	
8	65 536	1 322 692 232	760 680 226	1.738 82	1 322 627 004	765 775 703	1.727 17	1:1 亿
9	262 144	330 679 377	190 169 491	1.738 86	330 662 893	191 443 024	1.727 21	1:5 000 万
10	1 048 576	82 670 239.5	47 542 337.7	1.738 87	82 666 106.8	47 860 699.9	1.727 22	1:2 000 万
11	4 194 304	20 667 584.6	11 885 582.2	1.738 88	20 666 551.6	11 965 171.4	1.727 23	1:1 000 万
12	16 777 216	5 166 896.3	2 971 395.4	1.738 88	5 166 639.2	2 991 291.1	1.727 23	1:500 万
13	67 108 864	1 291 725.5	742 847.8	1.738 88	1 291 661.2	747 821.8	1.727 23	1:200 万
14	2.684 4E+08	322 931.8	185 711.2	1.738 89	322 915.9	186 955.3	1.727 24	1:100 万
15	1.073 7E+09	80 733.0	46 427.8	1.738 89	80 729.0	46 738.8	1.727 24	1:50 万
16	4.295 0E+09	20 183.3	11 607	1.738 89	20 182.3	11 684.7	1.727 24	1:25 万

表 2.3　WGS 84 椭球面和球面 QTM 格网在不同剖分层次的边长变化

层次	三角形个数	椭球面			球面			对应比例尺
		最长边长/m	最短边长/m	$\frac{L_{max}}{L_{min}}$	最长边长/m	最短边长/m	$\frac{L_{max}}{L_{min}}$	
1	4	7.096 22E+06	4.984 94E+06	1.423 53	7.084 18E+06	5.009 27E+06	1.414 21	
2	16	3.845 01E+06	2.489 17E+06	1.544 73	3.833 93E+06	2.504 63E+06	1.530 73	
3	64	2.009 24E+06	1.244 12E+06	1.614 99	2.007 32E+06	1.252 32E+06	1.602 88	
4	256	1.060 44E+06	622 000	1.704 89	1.058 47E+06	626 158	1.690 41	
5	1 024	549 456	310 993	1.766 78	548 103	313 079	1.750 68	
6	4 096	281 100	155 495	1.807 77	280 314	156 540	1.790 68	
7	16 384	142 618	77 747.6	1.834 37	142 189	78 270	1.816 65	
8	65 536	71 964.7	38 873.8	1.851 24	71 745.5	39 134.9	1.833 28	1∶1 亿
9	262 144	36 194.6	19 436.9	1.862 16	36 080.0	19 567.4	1.843 87	1∶5000 万
10	1 048 576	18 164.6	9 718.44	1.869 09	18 105.7	9 783.7	1.850 59	1∶2000 万
11	4 194 304	9 103.59	4 859.22	1.873 47	9 073.62	4 891.86	1.854 83	1∶1000 万
12	16 777 216	4 558.51	2 429.61	1.876 23	4 543.37	2 445.93	1.857 52	1∶500 万
13	67 108 864	2 281.38	1 214.81	1.877 98	2 273.75	1 222.97	1.859 21	1∶200 万
14	2.684 4E+08	1 141.36	607.40	1.879 08	1 137.53	611.48	1.860 28	1∶100 万
15	1.073 7E+09	570.89	303.70	1.879 77	568.97	305.74	1.860 95	1∶50 万
16	4.295 0E+09	285.51	151.85	1.880 21	284.55	152.87	1.861 38	1∶25 万

2.3.3　剖分格网点的经纬度坐标计算

基于椭球面的三角格网本身就是一种坐标系统,其三角格网点位可以通过行列号来标识,如图 2.21 所示。三角格网点的坐标用 (i,j) 表示,其中 i,j 分别表示行号和列号。该坐标也可以用一维数组来表示,如图 2.21 所示,数组的序列号可以用来表示三角格网高程点在数据文件的存储位置。

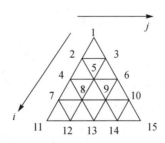

图 2.21　格网点的行列坐标示意图

设格网点 (i,j) 的编号为 $D_{(i,j)}$,由 $(i,j) \rightarrow D_{(i,j)}$ 有

$$D_{(i,j)} = 0 + \cdots + i + j + 1$$

由 $D_{(i,j)} \rightarrow (i,j)$ 有

$$i = \max(n) \quad (n \text{ 满足 } 2D_{(i,j)} - n^2 - n > 0)$$

$$j = D_{(i,j)} - \frac{i^2 + i}{2} - 1$$

对于一个椭球面三角格网来说,我们只要知道初始三角形格网点的经纬度坐标,就可以通过其经纬度坐标的两两平分求得下一级格网点的经纬度坐标,如此递归,可以计算出任意剖分层数的格网点的经纬度坐标。其计算公式简单,这里不详细说明。但是对于其中一个顶点为极点的三角形,由于极点的经度无法确定,则需要进行特别处理,下面对此进行介绍。

以 QTM 剖分为例(三角形二叉树剖分与其类似,它们所生成的格网点点位一致),根据格网的剖分层数 m,首先求出格网点的总行数为 $n = 2^m + 1$。格网点的行列号按图 2.21 所示标定,满足 $(i = 0, 1, \cdots, n-1, 0 \leqslant j \leqslant i)$,第 i 行的格网点数为 $i + 1$,总格网点数为

$$Z = 1 + 2 + \cdots + n = \frac{n^2 + n}{2}。$$

以 $0°$、$90°$ 经线和 $45°$ 纬线围成的椭球面三角形剖分为例,三个格网角点的经差 $L = 90°$,纬差 $B = 45°$。设格网点 (i,j) 的经纬度坐标分别为 $\lambda_{(i,j)}$,$\varphi_{(i,j)}$,对于同一行格网点,其纬度相同,其各行纬度的计算公式为

$$\varphi_{(i,j)} = 90 - B \cdot i/n - 1$$

各点的经度计算则较复杂,当行号 $i = 2^k (k = 1, 2, \cdots, n)$,其经度为

$$\lambda_{(i,j)} = 0 + L \cdot j/i$$

当 $2^k < i < 2^{k+1}$,取 q 为满足 $i > 2^k$ 的 $\max(2^k)$,$p = i - q$;当 $j \leqslant p$ 时,$\lambda_{(i,j)} = 0 + L \cdot j/2^{n+1}$;当 $2^n > j > p$ 时,$\lambda_{(i,j)} = 0 + L \cdot (2j - p)/2^{n+1}$;当 $j \geqslant 2^n$ 时,$\lambda_{(i,j)} = 0 + L \cdot (2^n + j - p)/2^{n+1}$。

2.4　WGS 84 椭球面 QTM 剖分的特点

基于 WGS 84 椭球面的 QTM 层次剖分与基于圆球内接正多面体的剖分具有很大的相似性,生成的格网和基于正多面体剖分的格网也存在相似的特性。与基于球面剖分的 QTM 格网相比较,椭球面 QTM 三角形的边长和面积及其最大与最小值的比率略有变化,但变化不大,保持了较好的规则性。椭球面 QTM 剖分方法较好地顾及到了地球的椭球形状,具有层次性,且保留了拓扑关系,实现了全球范围的统一定位,其点位分布较均匀,能较好地满足全球 DEM 建模的要求。

文献(Jones,1997;White et al,1998;Kimerling et al,1999;White,2000;赵学胜,2002)对基于圆球内接正多面体 QTM 剖分的特点进行了详细分析。我们在此

基础上,分析了椭球面 QTM 剖分的特点,归纳为以下几点:

(1)该三角格网剖分规则,格网点分布均匀,且在椭球面的任意位置,同一层次的三角形(格网)大小近似相等。

(2)依据该三角格网点的位置(即行列坐标)能够比较容易地求出相应的经纬度坐标。给定剖分层数 m,每个初始三角形(全球对应八个初始三角形)剖分格网点数为

$$1+2+\cdots+(2^m+1)=\frac{(2^m+1)(2^m+2)}{2}=2^{2m-1}+2^m+2^{m-1}+1$$

全球总的格网点总数为

$$4(2^m+1)^2-4\times[2\times(2^m+1)-1]+2=2^{2m+2}$$

(3)格网点与点之间的拓扑关系隐含在位置记录中,便于规范化存储管理,且该三角格网层次剖分保留了拓扑关系,特别是邻近关系,便于格网的邻近搜索查询。

(4)该三角格网剖分具有层次性,每一层次的三角形是上一层次三角形的细分,便于多分辨率层次表达。

(5)与六边形的剖分互为对偶,便于离散计算。

(6)在同等分辨率的情况下,QTM 格网点数量大约是经纬度格网点数量的一半。式(2.3)给出了它们数据量之间的比例关系,即

$$Q/G=\frac{4n^2-4(2n-1)}{(2n-1)\times(n-1)\times4}=\frac{(n-1)^2}{2n^2-3n+1}\approx\frac{1}{2} \tag{2.3}$$

式中,Q、G 分别表示以 QTM 和经纬度格式表示的地形数据点。

2.5　本章小结

本章首先介绍了 DEM 与剖分的关系;其次,分析了球面三角格网、四边形格网和六边形格网的剖分方法、各自的格网特征以及它们之间的相互关系。由于三角格网不需要三角化,而且层次剖分嵌套,因而比较适于多分辨率地形表达;最后,在分析已有球面剖分的基础上,发展了一种基于 WGS 84 椭球面的 QTM 层次剖分方法,并对不同剖分层次 QTM 格网的边长和面积变化进行了分析。与基于球面剖分的 QTM 格网相比较,WGS 84 椭球面 QTM 三角形的边长和面积及其最大与最小值的比率略有变化,但变化不大,保持了较好的规则性,其点位分布较均匀,不仅较好地顾及了地球的真实形状,而且具有层次性,且保留了拓扑关系,实现了全球范围的统一定位,能够较好地满足全球 DEM 建模的要求。

第3章　椭球面三角格网点高程数据获取及表面建模

在简单介绍 DEM 内插的基础上,给出了从现有经纬度格网 DEM 数据获取椭球面 QTM 格网点高程值的方法,并对其误差进行了分析。讨论了基于椭球面三角网的表面建模,提出了基于三角形二叉树的多分辨率椭球面三角格网生成算法。

通常情况下,我们将通过层次剖分产生的格网点高程值阵列称为 DEM。但是这样的高程值阵列在重构地形表面时不是充分的,还必须根据这些高程已知的格网数据点建立网络,完成对区域的铺盖,并通过一个或多个数学函数来确定未知区域的高程值,该过程称为 DEM 表面重建或表面建模,重建的表面通常认为是 DEM 表面。表面建模的重点之一是格网的生成,即生成何种格网面片来表达地形表面。当 DEM 表面建模完成后,模型内任意一点的高程信息就可以从 DEM 表面中获取。

3.1　椭球面格网点 DEM 的高程内插

3.1.1　DEM 内插方法简介

内插是 DEM 建模的核心问题。DEM 内插就是根据若干相邻参考点的高程值求出待定点的高程值,在数学上属于插值问题(李志林 等,2000)。内插的中心问题在于邻域的确定和选择适当的插值函数。任意一种内插方法都是基于原始地形起伏常常具有渐变性,或者说邻接的数据点间有很大的相关性,才可能由相邻的数据点内插出待定点的高程。按内插点的分布范围,可以将内插分为整体内插、分块内插和逐点内插三类,如图 3.1 所示。

由于实际地形的复杂性,整个地球表面地形不可能用一个多项式来拟合,因此 DEM 内插一般不用整体函数内插。而逐点内插尽管应用简便,但计算量较大,在 GIS 中,DEM 内插通常采用局部函数内插即分块内插。分块内插是把参考空间划分成若干分块,对各分块使用不同的函数,可以分为插值和拟合两大类。其中典型的方法有多项式内插、双线性内插和样条函数内插等,它们中大部分函数由于涉及解求复杂的方程组,应用起来不方便。而双线性内插则较简单,它可以通过三个点或四个点生成线性表面或双线性表面进行内插。

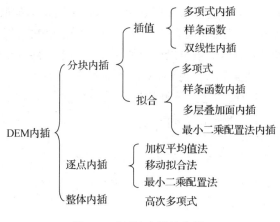

图 3.1　DEM 内插的分类

　　总之,不同的内插方法有各自的使用前提和优缺点,应用时要根据各方法的特点,结合应用的不同侧重,从内插精度、速度等方面选取合理的最优方法。

3.1.2　QTM 格网点高程的内插

　　基于椭球面三角网的 DEM 数据包括经纬度坐标和高程数据两种信息,它们可以直接从野外通过 GPS 等测量仪器进行测量,也可以间接从航空影像或遥感图像以及既有的地形图上得到。GTOPO30 数据就是结合了这几种数据获取方式生产出来的(GTOPO30,1996;陈俊勇,2005)。另外,近年来出现的干涉雷达和激光扫描仪等新型的传感仪被认为是快速获取高精度、高分辨率 DEM 的数据源,例如,SRTM(Shuttle Radar Topography Mission)是美国利用航天飞机于 2000 年2 月 11 日至 22 日 11 天飞行中,用雷达测图技术得到的数字高程数据(Bamler,1999)。具体采用何种数据源和相应的生产工艺,一方面取决于这些源数据的可获得性,另一方面也取决于 DEM 的分辨率、精度要求、数据量大小和技术条件等。对于椭球面 QTM 格网点的高程来说,由于各点的经纬度坐标是确定的,因此我们可以采用上述方式进行获取。目前普遍采用的全球 DEM 数据是以经纬度格式提供的,其他格式的 DEM 数据也可以转换成经纬度格式的数据。因此有必要介绍从经纬度格式的全球 DEM 数据获取 QTM 格网点高程值的方法,并对其精度进行分析。

1. 内插方法选择

　　美国地质调查局提供的 GTOPO30 数据,其数据点的存储格式是纬度从北极到南极,经度为 $0°\sim360°$,每隔经纬度 30″(水平距离大约 1 km)格网给出一个中心点高程值。SRTM3″数据与此类似,只是经纬度的间隔变成了 3″(水平距离大约90 m)。由这些离散点构成的经纬线格网,将地球表面剖分成许多四边形格网区域,使得格网区域内任意一点可以方便地由这四个格网点插值取得。对于椭球面QTM 三角格网来说,由于每个格网点的经纬度坐标是已知的(其计算方法我们在第 2 章进行了介绍),这样我们就可以确定其位于哪一个经纬度格网内,并由该格网的四个角点采用双线性插值取得该 QTM 格网点的高程值。

双线性内插是使用最靠近插值点的四个已知数据点组成一个四边形,确定一个双线性多项式来内插待插点的高程。

设线性函数形式为

$$Z = a_0 + a_1 X + a_2 Y + a_3 XY \tag{3.1}$$

式中,(X, Y, Z) 为该线性表面上某一点的三维坐标。参数 a_0、a_1、a_2、a_3 为常数,可以由四个已知参考点 $P_1(x_1, y_1, z_1)$,$P_2(x_2, y_2, z_2)$,$P_3(x_3, y_3, z_3)$,$P_4(x_4, y_4, z_4)$ 计算求得。其解算公式为

$$\begin{bmatrix} a_0 \\ a_1 \\ a_2 \\ a_3 \end{bmatrix} = \begin{bmatrix} 1 & x_1 & y_1 & x_1 y_1 \\ 1 & x_2 & y_2 & x_2 y_2 \\ 1 & x_3 & y_3 & x_3 y_3 \\ 1 & x_4 & y_4 & x_4 y_4 \end{bmatrix}^{-1} \begin{bmatrix} z_1 \\ z_2 \\ z_3 \\ z_4 \end{bmatrix} \tag{3.2}$$

但是在具体实现时,需要进行坐标转换,将大地坐标转换成三维欧氏坐标,在欧氏空间完成插值,这一过程比较复杂。知道了插值的计算公式,下一步需要确定的是插值所用到的四个 GTOPO30 数据点的经纬度坐标及其高程。

如图 3.2 所示,图中格网是由 GTOPO30 数据点的经纬线连接相交形成的,最上边一条横线表示从北极起始的第一条 30″纬圈的中心纬线,最左边一条竖线表示从 0°经线起始的第一条 30″经线圈的中心经线,i 为 GTOPO30 数据的纬线号(从北极开始向南),j 为经线号(从中央子午线开始自西向东),起始经纬线号均为 0,P 为 QTM 格网点,A、B、C、D 为距离 P 点最近的插值点。

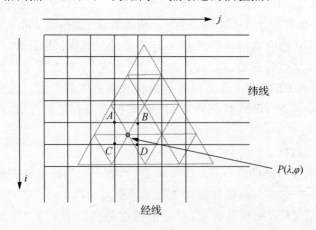

图 3.2　从 GTOPO30 数据转换基于 QTM 的 DEM 格网点高程示意图

设某 QTM 格网点 P 的经纬度坐标为 (λ, φ)，A、B、C、D 为最靠近该点的两条经线和纬线的交点。这两条纬线的纬度号分别为

$$i_1 = [(90 \times 3\,600 - 15 - \varphi)/30] \text{ 和 } i_2 = [(90 \times 3\,600 - 15 - \varphi)/30 + 1]$$

式中，φ 的单位是 $('')$。两条经线的经线号分别为

$$j_1 = [(\lambda - 15)/30] \text{ 和 } j_2 = [(\lambda - 15)/30 + 1]$$

式中，λ 的单位是 $('')$，$[\ ]$ 表示取整符号。则 A、B、C、D 四个点的纬度分别为 $90 \times 3\,600 - 15 - 30i_1$ 和 $90 \times 3\,600 - 15 - 30i_2$；经度分别为 $30j_1 + 15$ 和 $30j_2 + 15$，单位是 $('')$。

由于 GTOPO30 数据在文件中是以行为主的方式存放，因此知道了这四个点的经纬线号，就可以从 GTOPO30 数据文件中找出相应的高程值。

这里需要说明的是，在获取 QTM 格网点的高程时，我们是用较高分辨率的数据来插值的，例如对于 $30''$ 的 GTOPO30 地形数据来说，我们可以用其内插第 13 层剖分的 QTM 格网点（分辨率大约为 $40''$）的高程数据，而不能内插更高分辨率（如第 14 层剖分的 QTM 格网点，分辨率大约为 $20''$）的 QTM 格网点高程数据。这样，对于 QTM 格网来说，我们可以通过上述方法插值得到除南北极极点外所有点的高程值。至于南北极极点，我们可以通过 GTOPO30 数据的第一行数据和最后一行数据线性插值获得。

2. 误差分析

在上述数据转换过程中，我们采用了目前平面上常用的双线性插值方法计算 QTM 格网点的高程，这样获取的高程数据中就会存在两方面的误差：一是双线性插值本身的误差，这和平面上的双线性插值误差是一样的；二是没有考虑地球曲率而引起的误差。下面对此进行分析。

1）双线性插值本身的误差

李志林等（2000）对双线性插值引起的误差进行了详细分析，在此我们进行简单介绍。

在数据转换过程中，我们采用线性表面插值计算 QTM 格网点高程，因而 QTM 格网点高程的误差包括：①使用直接线性插值方法从 GTOPO30 数据传递过来的误差；②地形表面线性表达导致的精度损失。

转换后 QTM 格网点的高程误差可表示为

$$\sigma_Q^2 = \frac{4}{9}\sigma_G^2 + \frac{5}{3}\sigma_T^2 \tag{3.3}$$

式中，σ_Q^2 表示转换后 QTM 格网点的精度，σ_G^2 为 GTOPO30 数据本身的精度，σ_T^2 为线性表达地形导致的精度损失。所有精度均以方差的形式表示。

李志林等（2000）认为地形线性表达的精度随着位置的不同而变化，不能用解析的方式来描述，给出了统计上的公式为

$$\sigma_T = \frac{d\tan\alpha}{4k}\left(1 + \frac{2d}{H\cos\alpha}\right) \tag{3.4}$$

式中,d 是平均格网间距,α 是平均地面坡度,H 是平均相对高程,k 是常数,李志林等(2000)认为大致为 4。该文献同时选取了三块不同区域、不同地形特征的数据对上述精度模型进行了评估,认为该模型用于预测是可靠的。

2)地球曲率引起的误差

地球曲率引起的高程插值误差如图 3.3 所示,R 为地球平均半径,h 为地球曲率引起的高程插值误差,通过计算可得地球曲率对高程内插的影响如表 3.1 所示。从表 3.1 中可以看出,对于边长小于 1 km 的区域来说,地球曲率引起的高程插值误差只是厘米级的,因此对于小区域低精度的 DEM 内插,可以不考虑地球曲率的影响。

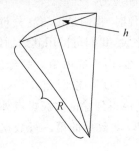

表 3.1　地球曲率对插值的影响

距离/km	误差
10	2 m
5	0.5 m
2	8 cm
1	2 cm

图 3.3　地球曲率引起的插值误差示意图

此外,为了进一步提高格网点高程值的精度,一方面,我们可以通过使用更高精度、更高分辨率的插值数据来实现,如用高分辨率的数据插值获取低分辨率的数据。另一方面,格网点的高程值可以根据其经纬度坐标直接从原始遥感影像中获取,这样,数据中就不会存在插值带来的误差,而只存在原始数据采集的误差。

3.2　基于椭球面三角网 DEM 的表面建模

3.2.1　数字表面建模方法

数字表面重建涉及"如何重建表面以及哪一类表面将被建立"的问题,本节重点讨论重建表面的方法。

数字表面建模的方法有:基于点的表面建模、基于三角形的表面建模、基于格网的表面建模和混合表面建模。由于本书 DEM 数据是按三角格网规则分布的,因而比较适合于基于点和三角形的表面建模,这里对这两种建模方法进行介绍。

基于椭球面三角格网点的表面建模,是以单个数据点建立的平面表示此点周围的一小块区域,在地理分析领域也称为该点的影响区域。其重点在于如何确定相邻格网点间的边界。Voronoi 图的势力范围特性(influence region)为人们研究最近搜索问题、邮局问题和插值点的影响范围等提供了有力手段(陈军,2002),可以用来确定相邻三角格网点的 Voronoi 图区域边界。一些学者对基于球面点的 Voronoi 图生成进行了研究,其生成算法参见文献(Gold et al,2000;Chen Jun et al,2003),这里不作介绍。

　　基于椭球面三角网的表面建模,就是采用线性函数,对每个椭球面三角格网进行插值。对于椭球面三角格网,每三个点可生成一个三角形面片,整个 DEM 表面可以由一系列相互连接的相邻三角面片组成,保证了地形模型在相邻区域边界上的连续性。因此,基于椭球面三角网建立的地面模型为连续表面。

　　对于第 2 章基于 QTM 剖分生成的规则分布的格网点,在基于三角形建模的情况下,不同的构网方式会生成不同的三角网,图 3.4 中分别表示了基于 QTM 和三角形二叉树两种构网方式。尽管图 3.4 中采用的格网结点的位置和高程值都相同,但是它们所显示的不同表面所内插出来高程点的高程值相差很大,因此不同的格网会产生不同的模型。3.2.2 小节对椭球面三角格网的生成进行了研究。

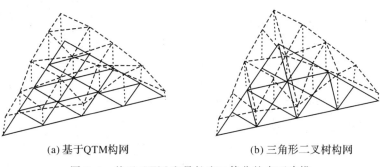

(a) 基于QTM构网　　　　　　　　　　(b) 三角形二叉树构网

图 3.4　基于 QTM 和最长边二等分的表面建模

3.2.2　基于 QTM 的多层次三角网的生成

　　在基于三角网建模的情况下,必须先根据采样数据点生成确定的三角网络,然后再将第三维高程加于网络点之上,便形成了一个连续表面。因此三角网的生成是地形表面建模的一个重要环节。而从前面分析我们知道,对于相同的数据点,不同的构网方式会产生不同的表面模型。

　　基于椭球面的 QTM 是一个空间层次数据结构,其将初始的椭球面三角形区域按各边中点相连递归细分成四个子三角形区域。基于 QTM 的高程模型可以通过选择 QTM 格网点,并通过建立在上述剖分上的插值函数来建立。建立 QTM 层次高程模型的准则如下:对于任何 QTM 球面三角形区域,如果其误差超过了规定的阈值,则通过 QTM 细分将其分为四个 QTM 球面三角形区域。该模型可以用四叉树来表示,如图 3.5 所示。每个结点对应一个球面三角形区域,非叶结点表示的区域有四个子区域(根结点除外,根结点有八个子结点)。

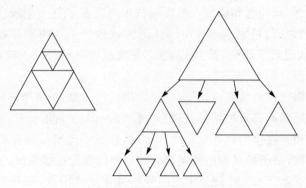

图 3.5　QTM 格网及 QTM 层次树结构

一种构建 QTM 四叉树格网的方法如下：

(1)对于整个地球表面区域 $\Omega=[0,2\pi]\times[-\pi/2,\pi/2]$，首先创造一个对应于根结点的初始剖分 Σ。Σ 是在最初的椭球面区域 Ω 的基础上，通过连接 Ω 中的六个点所形成的八个球面三角形区域对应的初始剖分，如图 2.14 和图 2.15 所示。对于初始剖分产生的八个初始子区域 $r_i(i=0,1,\cdots,7)$，每个子区域又可以通过四元三角剖分形成一个子剖分 Σ_i。

(2)考虑每个子剖分 Σ_i 的四个三角形区域 $q_j(j=1,\cdots,4)$。如果区域误差函数 $E(q_j)$ 大于阈值(误差函数值由区域内各点之间的最大高差确定)，则通过上述方法递归细分，这样，在层次中一个新的结点 Σ_j 被创建，其通过边标签 q_j 连接到 Σ_i。

(3)当所有叶结点表示的区域误差满足给定的阈值时，该过程终止。

另一个建立方法是 bottom-up 方法，首先建立一个完全四叉树，然后通过递归合并四个叶结点，形成一个较大的三角形，直到满足一定的分辨率为止。与上述 top-down 方法相比，其时间复杂度相当，空间复杂度则要大一些。

通过上述方法建立的四元三角格网，当相邻区域在剖分层数不一致时，并不能保证沿着剖分边界的连续性。如图 3.6 表示，在相邻三角形对剖分层数不一致时，相邻边界处出现了裂缝。

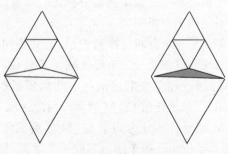

图 3.6　QTM 分裂层数不同引起的裂缝

为了消除这种由于剖分层数不同引起的裂缝,一种方法是通过继续分割位于高层的未剖分的三角形来完成。如图 3.7(a)所示,对于某一三角形而言,当只有一个边邻接三角形已经分裂时,通过连接邻接边相对的顶点和分裂点,二分该三角形;如图 3.7(b)所示,当有两个边邻接三角形已经分裂时,分别连接两个分裂点和其中一个分裂点与相对顶点,细分该三角形;如图 3.7(c)所示,当其三个边邻接三角形都已经分裂时,通过三个分裂点的互连,细分该三角形。但是需要注意的是,采用该方法,必须首先保证相邻三角形的剖分层数相差不能超过1,否则不能适用。

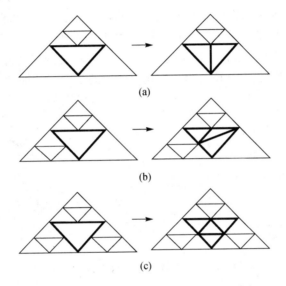

图 3.7　通过分割较低层的三角形消除裂缝

这种裂缝消除方法,一方面,必须对格网的分裂加以人为控制,使得相邻格网的剖分层数不大于 1,否则难以消除裂缝;另一方面,该方法不能保证格网的规则性,一些区域采用 QTM 剖分,另一些区域则采用上述不规则分割,较难实现。下面我们介绍一种基于三角形二叉树的自适应多层次三角格网的生成,其在保证格网剖分规则性的同时,也保持了剖分边界的连续性,实现起来相对比较容易。

3.2.3　基于三角形二叉树的多层次三角网生成

这里我们首先介绍一种称为最长边二等分或分裂最新顶点的三角形细化方法(Lindstrom et al,1996;Duchaineau et al,1997;Röttger et al,1998;Gerstner,2003),如图 3.8 所示。对于一个初始的等腰直角三角形区域,通过递归二等分其最长边(或最新产生的顶点,或直角顶点),并以二等分后的三角形代替原来的三角形,以此来细化该三角形区域。

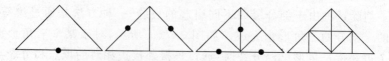

图 3.8　等腰直角三角形的二等分分裂

对于 3.2.2 小节介绍的椭球面三角形层次剖分来说,整个椭球面对应于八个椭球面三角形区域。对于每个椭球面三角形来说,我们同样可以用上述方法来细化椭球面三角形区域。只是在二等分时,是依据经纬度平分进行的,这样细化所增加的每个顶点必然和 QTM 格网点相重合。

椭球面三角形不同于等腰直角三角形,其无直角,第一次细分时需要指定待分裂的边。为了方便,我们首先通过连接极点和其对边中点来细化该椭球面三角形,即二等分位于纬线的一条边。以后每次细化时,则均是分裂其最新产生的顶点所对的那条边。在此,我们称该边为欲细化三角形的基边,共用一条基边的两个三角形称为三角形对。如图 3.9 所示,三角形 a 和 b 构成三角形对。

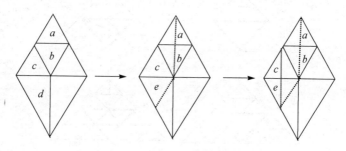

图 3.9　椭球面三角形的二等分分裂

二等分某一三角形时,存在两种情况:

(1)当欲二分的三角形基边同时也是通过该基边与其相邻三角形的基边时,同时分裂共用该基边的一对三角形,如图 3.9 所示,三角形 a 和 b 构成三角形对,分裂 a 时必须同时分裂 b。

(2)当欲分裂的基边不是其相邻的三角形的基边时,先分裂该相邻三角形,并递归此过程。如图 3.9 所示,需要分裂三角形 c 时,必须首先强制分裂 d,然后同时分裂 c 和 e,以此类推。

总之,共用一条基边的三角形对总是同时分裂的,这样的分裂避免了裂缝的出现。

基于上述二叉树递归分裂的地形模型可以用一棵树结构来表示:整个地球对应一个根结点,由八棵二叉子树组成,每棵子树的根结点对应一个椭球面三角形区域,子树的非叶结点有两个子。建立一棵二叉子树的方法如下:通过连接极点和其对边中点将此三角形区域细分为两个三角形,分别对应于根结点的左右子结点,进一步考虑子结点表示的三角形区域,若其误差超过给定的阈值,则按上述分裂方法递归细分,直到所有结点表示的三角形区域误差满足该阈值为止。

基于三角形二叉树的构网,不仅具有很强的规则性,而且便于进行自适应细分,因而它很好地将规则格网和不规则三角网结合起来,数据点的分布既具有很大的规律性,又能顾及地形的变化,消除了可能出现的裂缝。在地形表面相对平坦的区域,剖分的层数较少,构建网格时,选择相对较少的格网点,而当地形表面粗糙或变化剧烈时,剖分的层数较多,构建网格时,需要选择相对较多的格网点。

3.3 本章小结

本章首先简单地介绍了 DEM 的内插方法,在此基础上,重点介绍了从现有经纬度格网 DEM 数据获取椭球面 QTM 格网点高程值的方法,并对其精度进行了分析。然后讨论了基于椭球面三角网 DEM 的表面建模,提出了基于三角形二叉树的多层次三角格网生成算法。其通过递归二等分最长边,达到自适应分裂区域的目的,很好地将规则格网和不规则三角网结合起来,构网的数据点分布既具有很大的规律性,又能顾及地形的变化,消除了可能出现的裂缝。

第4章　基于菱形块的格网数据层次组织

由于不同的概念结构在数据模型、所需的存储空间和空间索引机制等方面差异很大，因此针对前面章节提出的基于椭球面的三角格网 DEM，本章讨论了椭球面三角格网 DEM 的数据组织，给出了一种有效的层次数据库结构，提出了以菱形数据块为基本单元的数据存储方式，以及基于菱形块进行全球 DEM 数据索引和邻域查找的算法。

4.1　椭球面三角格网 DEM 的数据库结构

全球 DEM 高程数据的组织管理面对的是以 GB 甚至 TB 为量级的海量数据。如何对这些数据进行有效的组织管理并在此基础上提高数据管理系统的效率，是 GIS 乃至数字地球面临的首要问题之一。DEM 数据组织的目的就是要将所有相关的 DEM 数据通过数据库或文件系统有效地管理起来，并根据其地理分布建立统一的空间索引，进而可以快速调度数据库中的任意范围的数据，实现对整个研究区域 DEM 数据的无缝漫游（李志林 等，2000）。

基于文件系统的存储方式基本上可以满足地形可视化和空间分析的需要。尽管基于文件管理的方式受到网络环境下的多用户并发操作的局限，但考虑到在数据建立后，可视化和空间分析阶段几乎不存在多用户同时修改一块数据，因此基于文件系统的数据库管理方式仍为许多用户使用。但是也有人认为基于文件管理的方式在数据组织和空间索引、数据动态更新、网络环境下的多用户操作诸多方面存在局限性，他们提倡采用关系或对象关系数据库实现对海量 DEM 数据的管理。现阶段以较成熟的 RDBMS 技术作保障，能够实现存储容量与访问速度的平衡，部分提供基于标准的 SQL 语句的查询、输出，而且安全性能较好。但关系型数据库相对于文件存储方式来说，以 BLOB 字段存储地形数据的方式在数据的获取操作上，并没有实质的进步。由于对象关系型数据既保留了关系数据库的优点，也采纳了面向对象数据库设计的某些原则，具有将结构性的数据组织成某种特定数据类型的机制，这使得能够将在逻辑上需要以整体对待的数据组织成一个对象。同时，通过特殊的数据组织和建立恰当的空间索引机制，有利于对各种数据量的 DEM 数据进行有效的存储和管理（钟正 等，2003）。因此被很多学者用来进行海量 DEM 数据的管理（张珊珊，2007；殷小静 等，2011）

从以上的分析可以看出，对于 DEM 数据，是采用关系数据库还是文件系统并没有一个统一的认识,正所谓是仁者见仁、智者见智。作者认为,对一个多部门采用的大型系统来说,应该采用数据库管理系统,但对于一些小型的系统尤其是实验系统来说,采用文件系统管理 DEM 数据则更为方便。本书对基于数据库的 DEM 数据管理进行了研究,包括数据库结构、数据块内部数据的存储方式、数据块的编码和索引等。

地球是一个非常复杂的开放的巨系统,随着观察视野的变化,我们希望空间地理信息比例尺也自动增减。由于地图的自动综合受诸多因素的影响,目前比较可行的是采用多尺度空间数据库来达到此目的。所谓多尺度就是指系统内包含几种不同比例尺(或分辨率)的空间数据,其目的是为了适度地反映系统所关心区域的空间地理信息,以避免地物信息的过粗、失真或地物信息的负载量过大而无法使用。多尺度空间数据库现有多库多版本、一库多版本、一库一版本和 LOD 等四种方案,其详细情况见相关文献(郭建忠 等,1999;齐清 等,1999;王晏民 等,2003)。对基于椭球面的格网 DEM,本书采用一种混合的方式进行组织存储,即在对全球 DEM 进行菱形分层分块(四分体—菱形块—菱形子块)的基础上,建立 LOD 模型组织全球 DEM 数据。

4.1.1　基于菱形块的层次数据库结构

为了便于存储管理,并充分利用 QTM 网格自身的特点,我们将“南北”相邻的两个 QTM 三角形合并成一个菱形块,以固定大小的菱形块为单元组织数据,并作为数据库的一个基本存储单元。其在数据库中对应一条记录(在文件系统下对应一个数据文件),采用四叉树空间索引结构进行索引查询。

如图 4.1 所示,我们将用于地球表面剖分的正八面体的八个三角形面按南北向相邻两两合并,形成四个菱形,我们称为四分体(White,2000)。这样,一个八面体(相当于一个地球表面)对应四个四分体。对八面体的每个面进行递归 QTM 细分,细分后的 QTM 格网经过“南北”合并,也可以看成是每个四分体四叉树细分后的菱形块格网,如图 4.2 所示。

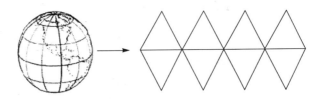

图 4.1　八面体对应的 4 个四分体

一个菱形块剖分成四个菱形子块,如图 4.2 所示,完全类似于规则格网四叉树剖分,唯一不同的是,这些格网实际上并不规则,是通过 QTM 剖分得来的,其顶点位于球面上,显然不共面。但这对于数据的组织并没什么影响。通过如此剖分,整个地球表面可以用一棵四叉树来表达,全球表面对应四个四分体,每个四分体分割成下一级的四个较小的菱形块,如此递归,直到满足一定的需求为止。

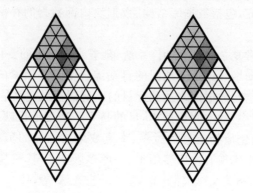

图 4.2　三层 QTM 递归剖分(左)与相应的菱形块格网层次剖分

在数据组织时,我们以 QTM 三角形为基础,采用菱形分块的层次结构组织数据,如图 4.3 所示。整个地球表面可以通过对应的四个初始菱形块(四分体)进一步划分成若干个菱形子块,而每个菱形块又包括若干菱形子块,每个菱形子块作为全球 DEM 组织管理的最基本的单元,相当于传统管理上的一幅图。每一子块由经过若干层剖分的 QTM 格网组成,在数据库中作为一条记录存储(在文件系统下对应一个数据文件),其数据的存储格式参见 4.1.2 小节。每个菱形子块地址用其所属的四分体编码和 Morton 编码的组合来标识,可以方便地用四叉树进行索引,而存储于每个菱形块内部的数据,可以通过行列结构索引。这样,通过"四分体—菱形子块—行列"结构的索引,就可以唯一确定全球范围内任意位置的 DEM 值。这些编码和索引的具体实现将在 4.2 节介绍。

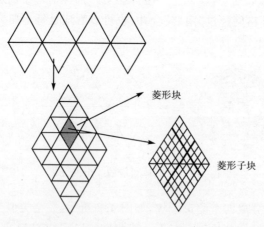

图 4.3　基于四叉树菱形块的 DEM 数据分层分块组织

为了提高系统的交互效率,满足大范围大数据量的地形漫游及分析的要求,有必要建立多细节 LOD 模型,相应地,用多分辨率 DEM 数据库进行存储管理。本书在对全球 DEM 进行菱形块分层分块(四分体—菱形块—菱形子块)的基础上,建立 LOD 模型组织全球 DEM 数据。不同的 LOD 在数据库中位于不同的层,其中,最底层的 DEM 为基本数据库层,属于原始数据,其分辨率最高,其余各层的 DEM 数据则可以视具体情况组织。本书首先通过原始数据构建较少的 LOD 层,再用这些基本的 LOD 层派生一些 LOD 分层,依此组建由远到近、由小到大一系列不同详细程度的 LOD 分层数据。这样,不仅可以通过建立不同分辨率的数据库层获取数据库级的 LOD,还可以借助于快速处理算法实时地从高分辨率数据自动地抽取相邻层次中间分辨率的数据。其数据库的体系结构如图 4.4 所示。

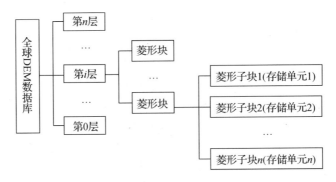

图 4.4　层次结构的数据库体系

4.1.2　椭球面三角格网 DEM 的数据结构

对于规则格网 DEM 数据来说,多以行列矩阵的格式存储,该格式在每个格网顶点只需存储该点的高程值。对于基于椭球面三角格网 DEM 来说,由于其格网的规则性,任意一个格网顶点的坐标可以根据该顶点高程值的存储位置计算出来,而且其与相邻顶点之间的拓扑关系也隐含在它们的存储位置中,因此完全可以采用类似于规则格网的存储方式。具体到全球三角格网 DEM,存储时以菱形子块作为数据存储的基本单位,每个菱形子块在数据库中对应一条记录,在文件系统下对应一个数据文件,菱形子块的大小决定了数据文件的大小。对于每个菱形子块(类似于一幅图),只需存储元数据(包括格网角点的坐标、菱形格网的剖分层数、行列数、空间参考坐标系等)和高程值串即可。其中高程值串采用 BLOB 字段存储,一个菱形子块对应一个 BLOB 文件。由于大多数关系数据库都支持 BLOB 字段,因此,全球 DEM 数据可以使用关系数据库和对象关系数据库方便地进行存储(王永君 等,2001)。其数据结构如表 4.1 所示。

表 4.1 椭球面格网 DEM 的数据结构

ncols	//行数	
nrows	//列数	
Lleft/Lright/Lup/Ldown	//四个角点的经度	头数据
Pleft/Pright/Pup/Pdown	//四个角点的纬度	
Layernumber	//剖分层数	
BLOB	//高程值串	体数据

在每一个菱形块内,格网点的个数均为$(2^n+1)\times(2^n+1)$,在高程值串中,格网点高程值的存储顺序采用如图 4.5 所示的次序。

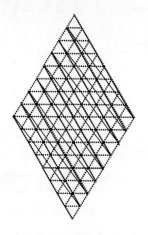

图 4.5 三角格网点在存储单元中的存储次序

采用这种格式不仅结构简单,占用存储空间少,而且还可以借助其他简单的栅格数据处理方法进行进一步的数据压缩处理,如自适应行程编码、四叉树方法、多级格网法等。

4.1.3 球面三角格网影像数据组织策略

全球影像数据是海量的,其数据量高达 TB 级。而由于受计算机处理能力的限制,计算机无法直接对 TB 级的数据进行操作和处理。因此,必须对影像数据进行分层、分块组织。影像数据的分层、分块组织方法可以方便影像数据在计算机内存中运算处理,也便于数据在网络上传输。通常来说,影像数据的分层、分块应遵循以下原则:

(1)要支持高效的空间存取和查询,这也是数据分块存储的主要目的。分块的数据量不能太大,否则会造成查询效率低;数据量太小,则不便于数据的管理。

(2)支持每一个分块的数据压缩,能够对每一个影像块进行数据压缩和解压处理。

(3)对于用户来说,影像分块应该是不透明的,分块只是系统内部对数据的划分和存储,对用户来说是不可见的。

以 QTM 格网为基本单元的全球影像数据组织也需要对影像数据分层分块,以便计算机进行处理。其基本组织策略完全类似于前面对 DEM 数据的存储管理,具体实现过程是:首先根据影像分辨率确定该分辨率对应的 QTM 格网的剖分层次,以便将不同分辨率的影像数据存储在不同的格网中,从而实现不同分辨率数据的分层组织;再根据影像的类型(如灰度、真彩色等)进行影像数据的分类管理;依据初始剖分面将全球范围分成四个菱形块区域,如图 4.1 所示;视每个区域中影像数据的数据量大小,再确定是否需要分块。块内的数据可按文件或 BLOB 方式按照编码的顺序进行存储;块的编码可取块内格网编码的公共部分。

4.2 基于菱形块的椭球面格网 DEM 数据索引

空间索引机制是进行数据快速存取的一项重要内容,为进一步的数据处理提供支持,其与数据的表达是紧密相关的(Kolar,2004),本节对基于四叉树菱形块的全球 DEM 数据索引进行研究。

4.2.1 相关研究现状及总体思路

为了满足全球动态建模、数据组织、存储索引及显示等的需求,许多学者研究了基于规则正多面体剖分的球面格网数据模型及全球 DEM 数据的索引问题(Dutton, 1990;Fekete et al, 1990;Goodchild et al, 1992;Otoo et al, 1993;White et al, 1998;White, 2000;Bartholdi et al, 2001;赵学胜, 2002;Sahr et al, 2003;Kolar, 2004)。球面格网数据模型以正多面体表面的递归剖分来趋近地球表面,其中较常采用的一种方法是基于正八面体或正二十面体的四元三角递归剖分,以此产生的三角形格网来趋近地球表面,完成地球表面模拟表达。由于这些球面格网数据模型以三角形单元为基础组织或划分数据区域,因而许多操作需要以三角形为基础进行。但三角形格网的几何结构较为复杂,White(2000)和 Sahr 等(2003)对其进行了详细的分析。其最大的缺点是具有不确定的方向性,即三角形顶点朝上或朝下,使得邻域索引和查询非常复杂和困难,难以满足邻近分析、空间查询、数据更新和可视化等的需求。

Dutton(1990)和 Fekete 等(1990)采用变化的编码机制(即对于不同的剖分层次,子三角形的编码随父三角形的方向变化而变化)来索引三角形,并进行邻域搜索。其优点是边邻接的三角形编码只有一位数字不同,但这并没有简化三角形的邻域搜索算法,反而使得该算法更加复杂,难以用位运算来完成。该编码更大的缺点是当三角形的邻域跨越正多面体边界时，搜索更加复杂困难。

　　Goodchild 等(1992)、Lee 等(2000)和赵学胜(2002)采用类似的编码机制，即属于同一父结点的四个子三角形的编码次序与剖分层数和父三角形的方向无关，只是根据其在父三角形中的位置(左、右、中或顶)采用固定次序进行编码。Goodchild 等(1992)和赵学胜(2002)的边邻域搜索算法，最坏情况下其执行效率与剖分的最大层数成正比。Lee 等(2000)提出了一种可以通过位运算实现的算法，最坏情况下其时间复杂度为常数。但是他们采用的邻近搜索算法原理相同，图 4.6 表示了 Lee 等人提出的方法编码的邻近关系，均是根据编码与位置固定的对应关系来搜索三角形边的邻近关系。

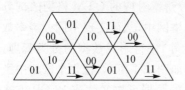

图 4.6　邻域搜索原理

　　Otoo 等(1993)采用半四叉树(semi-quad codes，SQC)编码方案，其通过在四叉树编码后增加一位数字来区分构成四边形的一对三角形。邻近搜索的原理是先将 SQC 编码转换成行列号，再根据四叉树行列号的增减来推求邻近关系。其边邻域搜索算法的时间复杂度为常数，但是 Otoo 等人并没有给出跨越多面体边界的边邻近的搜索算法。

　　为此，我们在 DEM 数据菱形分层分块组织的基础上，以线性四叉树的 Morton 码来索引、查找菱形块，使得基于菱形块的操作容易进行，并在此基础上经过改进三角形格网索引和邻域搜索，使其与三角形格网有机地联系起来。具体思想是：以四叉树组织菱形块，并采用 Morton 码来标识索引，实现全球菱形格网的邻域快速搜索。以此为基础，借鉴 Otoo 等的半四叉树 SQC 编码，通过在菱形块 Morton 码后增加一位数字来区分构成菱形块的一对三角形，并索引四元三角格网，实现了全球四元三角格网的邻域快速查找(白建军，2005)。

4.2.2　基于线性四叉树的菱形块索引及编码

　　整个地球表面可以用一个线性四叉树来表达，存储时只需记录其叶结点的位置即可。其叶结点的位置用 Morton 码来标识。每个四分体递归细分成较小的菱形块，由其所属的一个四分码和 Morton 码来标识。菱形块 L 的编码表示为：$L=DM$，其中，D 为该菱形块所在四分体的四分码，M 为该菱形块的 Morton 码。每个四分体根据其所在位置由一个四分码(0、1、2、3)来标识，其标识规则如图 4.7 所示。

　　用(0、1、2、3)四个数字表达每个四分体的编码，其标识规则为

　　当 $D=0$ 时，$90°>\lambda\geqslant0°$；

　　当 $D=1$ 时，$180°>\lambda\geqslant90°$；

　　当 $D=2$ 时，$270°>\lambda\geqslant180°$；

　　当 $D=3$ 时，$360°>\lambda\geqslant270°$。

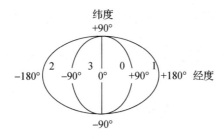

图 4.7　四分体的标识规则

对四分体进行递归剖分,会产生四个新的较小的菱形块,用 Morton 码标识。Morton 码有四进制和十进制两种,下面以四进制 Morton 码为例介绍 Morton 编码规则。

对于每个四分体来说,进行一次四叉树分割,会产生四个新的小菱形块,分别用标号 0、1、2、3 来表示左、下、上、右四个小菱形块(对应四个子象限)。每个小的菱形块继续递归细分,产生新的更小的菱形块。通过增加标号位数来标识,这种标号即为四进制的 Morton 码(用 M_Q 表示)。Morton 码的每一位字数都是不大于 3 的四进制数,并且每经过一次分割,增加一位数字,分割的次数越多,所得到的子区域(菱形块)越小,相应的 Morton 码位数越大。最后小菱形块的 Morton 码是所有各位上相应象限值相加,即

$$M_Q = q_1 q_2 q_3 \cdots q_k = q_1 \cdot 10^k + q_2 \cdot 10^{k-1} + \cdots + q_k \tag{4.1}$$

Morton 编码遵从 Z 型空间填充曲线,图 4.8 是位于三层剖分的菱形块的四进制 Morton 码与其 Z 型空间索引曲线。

图 4.8　菱形块的四进制 Morton 码与其 Z 型空间索引曲线

根据菱形块的 Morton 编码规则,很容易求得某一菱形块的子、父菱形块。每个菱形块有四个子菱形块,其 Morton 码可以通过在该菱形块编码后分别加"0""1""2"

"3"四个数字得到。父菱形块为该菱形块 Morton 编码去掉最后一位数字即可。

4.3 菱形块及 QTM 三角格网的邻域搜索

4.3.1 菱形块编码与行列号的转换

为了进行菱形块的邻近搜索，首先需要计算菱形块的 Morton 码与该菱形块在四分体的位置（行列号）的对应关系，然后进行邻域查找。这里简单介绍一下行列号转换成四进制 Morton 码的计算方法。

如图 4.9 所示，行列号 II、JJ 表示菱形块在四分体中的位置，其最大值由四分体的剖分层数决定，四分体内部数字表示菱形块的 Morton 码。

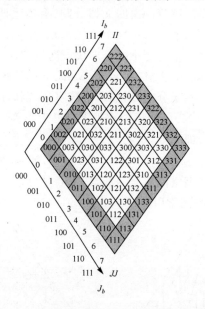

图 4.9 四进制的 Morton 码与行列号的关系

I_b 和 J_b 为二进制表示的行列号 II、JJ，则四进制的 Morton 码为：$M_Q = 2I_b + J_b$。Morton 码转化成行列号的公式这里略去，详细的转换公式参见相关文献（龚健雅，1993）。

4.3.2 菱形块格网的邻域搜索

菱形块格网的邻近搜索相对于三角形格网的邻近搜索要简单得多，这是由其几何结构决定的。由于三角形格网具有不一致的方向性，而且其邻近关系随着位置不同而变化，因而在邻近搜索时，首先要根据其朝向和空间位置不同，区分许多种情况进行邻域搜索,使得邻近搜索非常复杂和困难。而对于菱形块格网来说,由于菱形块单元有径向对称、平移相和性和方向一致性等特点,这使得邻近搜索更容易实现。

菱形块格网的邻近搜索分三种情况:位于四分体内部的菱形块、位于四分体边界的菱形块(除四个角外)和位于四个角的菱形块。

(1)对于四分体内部的菱形块(图 4.9 中非阴影区域),与其邻接的菱形块也位于同一四分体内。我们可以根据行列号的增减来计算该菱形块四邻域和八邻域的 Morton 码。

设四分体剖分后行列号的最大值为 $\max II = \max JJ = I = J$。四分体内部菱形块的行列号为 $II=i, JJ=j(I>i>0, J>j>0)$,则其四邻域菱形块的行列号为

$$II=i, JJ=j+1; II=i, JJ=j-1; II=i+1, JJ=j; II=i-1, JJ=j$$

其八邻域菱形块的行列号为

$$II=i, JJ=j+1; II=i, JJ=j-1; II=i+1, JJ=j; II=i-1, JJ=j$$
$$II=i+1, JJ=j+1; II=i-1, JJ=j-1; II=i+1, JJ=j-1;$$
$$II=i-1, JJ=j+1$$

由这些行列号与 Morton 码的转换关系可以求出四邻域或八邻域菱形块的 Morton 码。

(2)对于四分体边界的菱形块(如图 4.9 所示,除四个角外的阴影区域),由于其与另一个四分体邻接,因而其邻域搜索要跨越四分体边界,如图中阴影所表示的菱形块(除 Morton 编码为 000、111、222 和 333 四个角菱形块外)。在四分体中,位于最大、最小行或列的菱形块,其四领域和八邻域分别有一个和三个邻接的菱形块位于其相邻的四分体内。行号或列号最小的菱形块与其左边的四分体中的菱形块相邻,行号或列号最大的菱形块与其右边的四分体中的菱形块相邻。例如:当菱形块位于四分码为 0 的四分体内时,位于最小行或列的菱形块与编码为 3 的四分体中的最大行或列的菱形块相邻。

位于最小行或列的菱形块 M_D 对应的行列号为

$$II=i, JJ=0 \text{ 或 } II=0, JJ=j \quad (I>i>0, J>j>0)$$

则和其邻接的位于同一个四分体内的菱形块的 Morton 码由式(4.1)求出。位于其左侧四分体内的一个边邻域菱形块行列号为

$$II=I, JJ=I-i \text{ 或 } II=I-j, JJ=J$$

位于其左侧四分体内的三个角邻域菱形块行列号为

$$II=I, JJ=I-i; II=I, JJ=I-i-1; II=I, JJ=I-i+1 \text{ 或}$$
$$II=I-j; JJ=J; II=I-j-1, JJ=J; II=I-j+1, JJ=J$$

类似的,我们可以求出位于最大行或列菱形块的右邻域,其位于与该菱形块右邻的四分体内。

（3）对于四分体四个角的菱形块，如图 4.9 中编码为"000""111""222"和"333"的菱形块，分两种情况进行邻域搜索：位于四分体南、北（上、下）两端的菱形块（图 4.9 中编码为"111"和"222"的菱形块），其邻接关系如图 4.10(a)所示（图中阿拉伯数字为四分体的四分码），有四个边邻域和八个角邻域，其中两个边邻域位于与其边邻接的

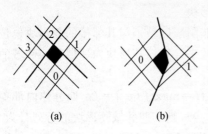

图 4.10　位于四分体四个角的菱形块的邻域关系

两个四分体内，五个角邻域位于与其角邻接的三个四分体内；而位于四分体东、西（左、右）两端的菱形块（图 4.9 中编码为"000"和"333"的菱形块），其邻接关系如图 4.10(b)所示，有三个边邻域和六个角邻域，其中一个边邻域和三个角邻域位于与其相邻的四分体内。由于位于同一四分体内的邻接菱形块 Morton 码较易求出，因而这里仅仅介绍位于不同四分体内的邻接菱形块编码的求法。

对于四分体北（上）端的菱形块（图 4.9 中编码为"222"的菱形块），其行列号为

$$II=I, JJ=0$$

其两个边邻域分别位于与其相邻的左、右两个四分体内，其行列号均为

$$II=I, JJ=0$$

其五个角邻域中有两个位于与其左邻的四分体内，其行列号为

$$II=I, JJ=0 \text{ 和 } II=I, JJ=1$$

两个位于与其右邻的四分体内，其行列号为

$$II=I, JJ=0 \text{ 和 } II=I-1, JJ=0$$

一个位于另一个四分体内，行列号为

$$II=I, JJ=0$$

然后根据行列号与 Morton 码的转换关系可以计算出相应的 Morton 码。类似的，可以计算位于该四分体南端菱形块的邻接菱形块 Morton 码。

对于四分体东端的菱形块（图 4.9 中编码为"333"的菱形块），其行列号为

$$II=JJ=I=J$$

位于其右侧四分体内的一个边邻接菱形块的行列号为

$$II=JJ=0$$

位于其右侧四分体内的三个角邻接菱形块的行列号分别为

$$II=JJ=0; II=1, JJ=0; II=0, JJ=1$$

然后根据行列号与 Morton 码的转换关系可以计算出相应的 Morton 码。类似的，可以计算位于该四分体西端菱形块的邻接菱形块 Morton 码。

下面给出菱形块的边邻域搜索算法。

```
EdgeDiamondAdjacent(QDcode DM, Direction Dir)
{
    D←PrefixD(DM);            //提取四分码
    M←DelePrefixD(DM);        //提取菱形块 Morton 码
    (i,j)←F⁻¹(M)              //菱形块 Morton 码转化为行列号
    switch(Dir)
    {
      EN:                     //菱形块的东北邻域菱形块
        if(i<I)  i++;         //位于同一四分体内
        else                  //跨越四分体边界
        {if(d=3)  d=0;else d++;
        k=j;j=0;i=I-k;}break;
      ES:                     //菱形块的东南邻域菱形块
        if(i>0)  i--;         //位于同一四分体内
        else                  //跨越四分体边界
        {if(d=0)  d=3;else d--;
        k=j;j=I;i=I-k;}break;
      WN:                     //菱形块的西北邻域菱形块
        if(j>0)  j--;         //位于同一四分体内
        else                  //跨越四分体边界
        {if(d=0)  d=3;else d--;
        k=i;i=I;j=I-k;}break;
      WS:                     //菱形块的西南邻域菱形块
        if(j<I)  j++;         //位于同一四分体内
        else                  //跨越四分体边界
        {if(d=3)  d=0;else  d++;
        k=i;i=0;j=I-k;}break;
    }
    M←F(i,j);                 //行列号转化成菱形块 Morton 码
    DM←AppendToD(M,D);        //添加四分体码
    Return(DM);
}
```

菱形块的角邻域搜索算法与此类似,这里略去。

4.3.3　三角形格网的邻域搜索

1.三角形格网边邻域搜索

菱形块剖分实际上和四元三角剖分是相似的,只是在进行菱形块标识索引时,

将南北向相邻的两个三角形合并成一个菱形块来处理。因此,我们可以在菱形块
Morton 码的基础上标识三角形,这只需在菱形块 Morton 码后添加一位数字"0"
或"1"来完成。如图 4.11 所示,"0"表示顶点朝上方向(具有南边邻域)的三角形,
"1"表示顶点朝下方向(具有北边邻域)的三角形。类似于菱形块格网,三角形格网
可以用变换的 Z 型空间填充曲线来索引,每个菱形块内两个三角形按先"0"后"1"
的顺序,如图 4.11(b)所示。基于此索引编码,三角形格网的邻近搜索也变得容易
实现。在此,我们首先对三角形格网的边邻近搜索进行介绍。

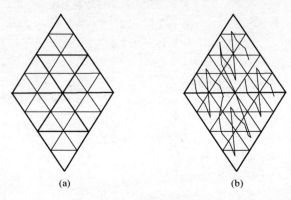

(a)　　　　　　　　　　　(b)

图 4.11　组成菱形块的两个三角形的标识及三角格网的索引

　　如图 4.12 所示,对位于四分体内部的"0"三角形(右图非阴影所示的"0"三角
形,即除位于行列号 $JJ=0$ 和 $II=I$ 菱形块外的其余"0"三角形),如菱形块 A 中
"0"三角形,其一个边邻域三角形为同一菱形块的"1"三角形,另外两个边邻域三角
形为与该菱形块北(上)边邻域菱形块的"1"三角形。类似的,对于四分体内部的
"1"三角形(右图非阴影所示的"1"三角形,即除 $II=0$ 和 $JJ=J$ 菱形块外的其余
"1"三角形),如菱形块 A 中的"1"三角形,其一个边邻域三角形为同一菱形块的
"0"三角形,另外两个边邻域三角形为与该菱形块南(下)边邻域菱形块的"0"三角形。

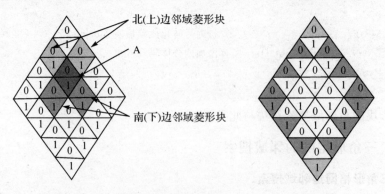

图 4.12　根据菱形块的邻域关系推断三角形的邻域关系

对于四分体边界的"0"三角形(阴影所示,除和北极接壤的"0"三角形外),其一个边邻域三角形为同一菱形块的"1"三角形,第二个边邻域三角形为同一四分体内与该菱形块北(上)边邻域菱形块的"1"三角形,最后一个边邻域三角形为另一个四分体内与该菱形块北(上)边邻域菱形块的"0"三角形(跨越四分体边界)。类似的,对于四分体边界的"1"三角形(除南极"1"三角形外阴影所示),其一个边邻域三角形为同一菱形块的"0"三角形,第二个边邻域三角形为同一四分体内与该菱形块南(下)边邻域菱形块的"0"三角形,最后一个边邻域三角形为另一个四分体内与该菱形块南(下)边邻域菱形块的"1"三角形(跨越四分体边界)。

对于邻接北极的"0"三角形,其中一个边邻域为位于同一菱形块的"1"三角形,另外两个边邻域为左右两个四分体内处于同一位置的"0"三角形;邻接南极的"1"三角形,其中一个边邻域为位于同一菱形块的"0"三角形,另外两个边邻域为左右两个四分体内处于同一位置的"1"三角形。

三角形格网的边邻域搜索算法如下。

```
EdgeTriangleAdjacent(QTcode TM, Direction Dir)
{
    DM←DeleSuffix(TM);          //由三角形编码提取菱形块编码
    M←DelePrefixD(DM);          //提取菱形块 Morton 码
    (i,j)←F⁻¹(M)                //菱形块 Morton 码转化为行列号
    T←SuffixD(TM);              //提取三角形方向码("0"或"1")
    switch(Dir)
    {
        EAST:                    //三角形的东邻域
            if(T=0)
                DM←EdgeDiamondAdjacent(DM,EN);   //计算东北邻域菱形块
            if(i<I)   TM←AppendTODM(DM,1);       //同一四分体
            else
                TM←AppendTODM(DM,0);             //跨越四分体
            else
                DM←EdgeDiamondAdjacent(DM,ES);   //计算东南邻域菱形块
            if(j<I)   TM←AppendTODM(DM,0);       //同一四分体
            else
                TM←AppendTODM(DM,1);             //跨越四分体
            break;
        WEST:                    //三角形的西邻域
            if(T=0)
                DM←EdgeDiamondAdjacent(DM,WN);
```

```
            if(j>0)    TM←AppendTODM(DM,1);
        else
            TM←AppendTODM(DM,0);
        else
            DM←EdgeDiamondAdjacent(DM,WS);
        if(i>0)    TM←AppendTODM(DM,0);
        else
            TM←AppendTODM(DM,1);
        break;
    INVERT:if(T=0)                    //同一菱形块的三角形邻域
            TM←AppendTODM(DM,1);
        else
            TM←AppendTODM(DM,0);
        break;
    }
    return(TM)
}
```

2.三角形格网角邻近计算

对于每个四分体来说,其东、西(左、右)端两个菱形块的 4 个子三角形和南北极两个三角形,共 6 个三角形具有 10 个角邻域三角形,如图 4.13(a)所示,其他三角形具有 12 个角邻域三角形,如图 4.13(b)所示。我们在菱形块邻域搜索的基础上,完成三角形角邻域的搜索,其搜索原理如下。

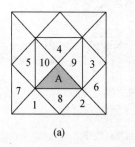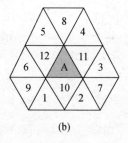

(a)　　　　　　　　　　(b)

图 4.13　不同位置三角形的邻近关系

如图 4.14 所示,对位于四分体内部的 A 菱形块的"1"三角形来说,其角邻域三角形有西(左)角邻域菱形块的两个三角形、东(右)角邻域菱形块的两个三角形、北(上)边邻域菱形块的两个"1"三角形、南(下)边邻域菱形块的 4 个三角形、南(下)角邻域菱形块的"0"三角形以及 A 菱形块的"0"三角形,共 12 个。对于 A 菱形块的"0"三角形来说,其角邻接三角形有西(左)角邻域菱形块的两个三角形、东

(右)角邻域菱形块的两个三角形、南(下)边邻域菱形块的两个"0"三角形、北(上)边邻域菱形块的 4 个三角形、北(上)角邻域菱形块的"1"三角形以及 A 菱形块的"1"三角形,共 12 个。

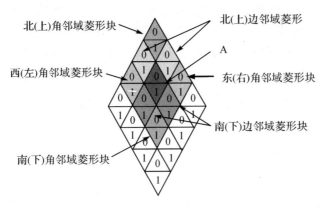

图 4.14　由菱形块的邻接关系推断三角形的邻接关系

对位于四分体边界 A 菱形块的"0"三角形(图 4.14 中阴影所示的"0"三角形)来说,其角邻接三角形有西(左)角邻域菱形块的两个三角形、东(右)角邻域菱形块的两个三角形、南(下)边邻域菱形块的两个"0"三角形、北(上)边邻域菱形块的 4 个三角形、北(上)角邻域菱形块的"0"三角形以及 A 菱形块的"1"三角形,共 12 个。对位于四分体边界 A 菱形块的"1"三角形(图 4.14 中阴影所示的"1"三角形)来说,其角邻域三角形有西(左)角邻域菱形块的两个三角形、东(右)角邻域菱形块的两个三角形、北(上)边邻域菱形块的两个"1"三角形、南(下)边邻域菱形块的 4 个三角形、南(下)角邻域菱形块的"1"三角形以及 A 菱形块的"0"三角形,共 12 个。

对位于四分体东、西(左、右)端两个菱形块,共 4 个三角形来说,由于其父菱形块位于另一个四分体的南(下)、北(上)边邻域菱形块和东(左)或西(右)角邻域菱形块,共 3 个菱形块重合,所以该三角形具有 10 个角邻接;对位于四分体北极的三角形来说,由于其父菱形块的东、西(左、右)角邻域邻形块中只有"0"三角形与该三角形角邻接,所以该三角形也具有 10 个角邻接三角形;对位于四分体南极的三角形来说,与此类似,由于其父菱形块的东、西(左、右)角邻域邻形块中只有"1"三角形与该三角形角邻接,所以该三角形也具有 10 个角邻接三角形。

4.4　本章小结

本章采用四叉树菱形分层分块的结构组织椭球面的三角格网 DEM 数据,垂直方向上依据四叉树划分为不同分辨率的数据层,水平方向上以菱形块为单位组织数据。各个菱形块根据其空间分布位置,依据线性四叉树进行 Morton 编码和空间索引。在数据存储时,各个菱形块内的高程数据以 BLOB 形式作为一个记录进行存储。

　　另外,在本章提出了基于菱形块进行全球 DEM 数据组织的索引和查找算法,完全实现了全球 DEM 数据库中的任意范围的数据查找、更新等。并进一步将该算法发展,通过在菱形块编码后增加一位来区分构成该菱形块的两个 QTM 三角形,实现了全球离散三角格网的快速索引和查找。该算法可以通过位操作运算完成,其时间效率为常数。

第5章　球面三角格网DEM数据和影像数据的融合与压缩

地形数据在显示时,常常需要叠加影像数据作为背景,而对影像数据的处理,往往离不开 DEM 数据。因此,如何基于球面格网实现两者的有机融合是我们面临的一个关键问题。另外,全球地形数据和影像数据是海量的,如何快速有效地存储或传输这些数据,也成为当前学术界与相关应用部门的一个研究热点。本章首先提出了一种平面影像到格网数据的转换算法,分析了转化精度;其次,在分析常用无损压缩方法的基础上,提出了一种基于邻近预测的无损压缩算法,为了进一步简化计算,提高数据压缩的速度,对邻近预测模型进行了相应的简化,并通过实验对比分析了各种压缩方法的压缩效率;最后,发展了一种基于三角二叉树的多分辨率地形数据的压缩算法,使邻近的三角形结点能够连续地存储在一起,易于地形可视化实现。

5.1　平面影像数据到 QTM 像元的转换

把遥感数据转换成 QTM 格网的形式,是实现基于 QTM 格网全球影像数据与 DEM 数据无缝融合的基础。本节提出了以格网与平面像元相交面积为权的数据转换方法,并对转换精度进行了详细分析。

5.1.1　数据转换原理及步骤

平面影像到 QTM 格网的数据转换是根据像元的分辨率选择对应层次的 QTM 格网,再将 QTM 格网的顶点投影到影像数据的投影平面,然后连接这些顶点形成一个平面三角形(这个三角形是 QTM 格网在平面上的近似表达),以该三角形和平面像元的相交面积为权确定 QTM 格网值。

为了保证平面影像到 QTM 像元的转换精度,选择 QTM 格网单元的大小要小于像元单元。若已知影像的分辨率,可根据式(5.1)确定出不同分辨率影像对应的 QTM 剖分层次(格网的大小),即

$$N = \text{Int}[\log_2(\pi R/2d)] + 1 \qquad (5.1)$$

式中,N 是 QTM 的剖分层次,R 是地球的近似半径,d 是影像的分辨率,$\text{Int}()$ 是取整函数。

在确定了对应的 QTM 格网的大小(层次)后,实现平面影像到 QTM 像元转

换的具体步骤如下：

(1)根据 QTM 的编码确定出格网三个顶点的坐标。

(2)将格网顶点的坐标转换成球面经纬度坐标。

(3)将球面经纬度坐标映射成基于平面投影椭球的经纬度坐标。

(4)根据顶点的经纬度坐标将格网的顶点投影到影像数据的投影平面,连接它们形成一个平面三角形,该三角形与平面像元相交的情况可细分为四种情况,如图 5.1所示。

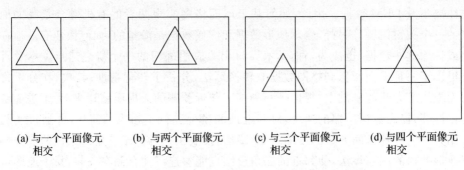

| (a) 与一个平面像元 相交 | (b) 与两个平面像元 相交 | (c) 与三个平面像元 相交 | (d) 与四个平面像元 相交 |

图 5.1 平面像元和投影后三角格网的相交情况

(5)根据 QTM 格网与平面像元的相交情况,计算格网与各个像元的相交面积,以相交面积为权,根据式(5.2)计算出 QTM 格网值,即

$$B = \sum_{i=1}^{n} (S_i b_i) / \sum_{i=1}^{n} S_i \qquad (5.2)$$

式中,B 表示球面 QTM 格网值,S_i 是投影后三角形与第 i 个像元相交的面积,b_i 是第 i 个像元的值,n 是 QTM 格网与像元相交的个数,n 的取值范围为 1～4。

5.1.2 格网值的加权计算

由上述转换步骤可以看出,计算 QTM 格网与各个像元的相交面积,确定平面像元在转换中的权重是实现影像数据到 QTM 像元转换的核心问题。而为了计算格网与像元的相交面积,需要根据 QTM 格网的顶点在像元中的位置,判断出 QTM 格网与像元的相交情况。QTM 格网与一个像元相交的判定比较简单。若 QTM 格网的三个顶点落入同一个像元内,即此格网完全被一个像元包含,则格网值为包含该格网的像元值。而格网与两个、三个、四个像元相交的情况比较复杂,下面分具体情况讨论相交面积的计算和格网值的确定。

1.格网与两个像元相交

若 QTM 格网的三个顶点落入两个边相邻像元内,则可确定格网只与两个像元相交,如图 5.2 所示。设△ABC 是 QTM 转换到平面上的近似表达,像元 1、2 是与 QTM 格网相交的像元,△ABC 落入像元 1、2 的部分分别记为 S_1、S_2。S_1、S_2

的面积为待求的相交面积,即,像元 1、2 在格网值确定中的权重。为了计算 S_1、S_2 的面积,先根据顶点坐标确定 AC、BC 的直线方程,然后计算出 AC、BC 和像元公共边的交点 D、E,再根据点 C、D、E 坐标求出 S_2 的面积,S_1 的面积通过 $S_{\triangle ABC} - S_2$ 获得。格网值则通过 $(S_1 \times$ 像元 $1 + S_2 \times$ 像元 $2)/S_{\triangle ABC}$ 获得。

2. 格网与三个像元相交

当 QTM 格网的顶点落入三个像元内,则这三个像元必然存在唯一的公共点。根据顶点落入的像元间的关系,可以推算出像元公共点的坐标,然后再判断该公共点是否被包含在 QTM 格网内。若该点不在 QTM 格网内,则可判定 QTM 格网与这三个像元相交。如图 5.3 所示,QTM 近似地转换成△ABC,格网的顶点 A、B、C 分别落入像元 1、3、4,它们的公共点 O 不在△ABC 内。因此,格网只与像元 1、3、4 相交。△ABC 被像元的公共边分成一个五边形(S_1)和两个三角形(S_2、S_3);同样的,计算格网和像元公共边的交点 D、E、F、G;再求出 S_2、S_3 的面积,用 $S_{\triangle ABC} - S_2 - S_3$ 计算出 S_1 的面积;最后以相交面积为权确定格网值。

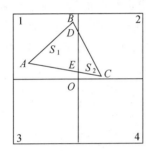
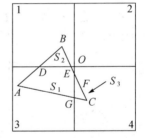

图 5.2　QTM 格网与两个像元相交　　　图 5.3　QTM 格网与三个像元相交

与 QTM 格网相交的像元公共点 O 是否位于 QTM 格网内的判断方法如下 (Mostafavi,2001):首先根据式(5.3)计算 a_1、a_2、a_3 的值,然后判断 a_1、a_2、a_3 值的正负。若 a_1、a_2、a_3 不同时都为正,则说明 QTM 格网不包含 O 点;反之,则说明 O 点被包含在 QTM 格网的内部。

$$a_1 = \begin{vmatrix} x_O & y_O & 1 \\ x_B & y_B & 1 \\ x_C & y_C & 1 \end{vmatrix}$$

$$a_2 = \begin{vmatrix} x_A & y_A & 1 \\ x_O & y_O & 1 \\ x_C & y_C & 1 \end{vmatrix} \quad\quad\quad (5.3)$$

$$a_3 = \begin{vmatrix} x_A & y_A & 1 \\ x_B & y_B & 1 \\ x_O & y_O & 1 \end{vmatrix}$$

式中，x_A、y_A 是 A 点的坐标；x_B、y_b 是 B 点的坐标；x_C、y_C 是 C 点的坐标；x_O、y_O 是 O 点的坐标。

3. 格网与四个像元相交

当 QTM 格网顶点与像元之间的关系为以下两种情况时，格网与四个像元相交：①当 QTM 格网的顶点落入三个不同的像元内，且像元的公共点被包含在 QTM 格网中；②格网的顶点落入两个像元内，且这两个像元互为角邻近像元。在第一种情况下，QTM 格网被像元的公共边分成四个部分：三个四边形和一个三角形。如图 5.4(a) 所示，格网的顶点 A、B、C 分别落入像元 1、3、4 内，像元的公共点 O 在△ABC 内，△ABC 被分成四个部分，S_1、S_2、S_3、S_4 是格网与像元相交的部分。为计算各个相交区域的面积，先求出 QTM 格网边与像元公共边的交点 D、E、F、G。S_3 是三角形，由交点 E、F 和像元的公共点 O 组成，根据 E、F、O 点的坐标计算出 S_3 面积；S_1 是四边形，通过连接 QTM 格网顶点 A 和像元的公共点 O，将它分成两个三角形并分别计算面积，三角形的面积和就是 S_1 的面积；按同样的方法计算出 S_2、S_4 的面积。在求出四部分的面积后，以面积为权确定格网的值。在第二种情况下，QTM 格网被像元的边界分成一个五边形、一个四边形和两个三角形，如图 5.4(b) 所示。可按照上面的方法求出各个相交部分的面积，然后计算出 QTM 格网的值。

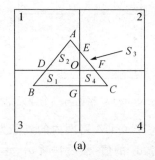 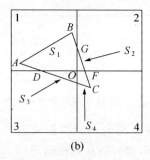

图 5.4 QTM 格网与四个像元相交

5.1.3 转换精度分析

在球面格网值确定的过程中，存在着两种误差：面积权重的计算误差和格网值的重采样误差。面积权重的计算误差是由数据重采样过程中的两个假设引起的：一是认为椭球面大地线投影到球面上为大圆弧；二是近似的认为地理坐标构成三角形经投影后的形状和由这三个点投影后构成的平面三角形相等。假设一引起的面积计算误差非常小，可在计算中忽略不计，有关详细内容可参考相关文献（孔祥元 等，2001）。假设二引起的面积计算误差与投影方式有关。以本实验中的单个三角格网的面积计算为例，其引起的面积误差不会大于 0.001 7%。因此，假设二引起的面积权重的计算误差在格网值的确定中也可以忽略不计。平面像元到

QTM 格网值的误差主要来源于重采样误差。

为了分析转换后的数据精度损失,在 VC++ 6.0 环境下,应用 ArcGIS 9.0 的 Wsiearth.tif 图像数据(分辨率 4 km,0～255 级的三波段灰度图像),进行了全球影像数据转换的实验。按照本节提出的方法将 Wsiearth.tif 图像数据转换成 12 层 QTM 格网(平均格网边长为 2 km)。随机抽取并对比了三组 100 000 个点原数据和转换后格网值,对比结果如表 5.1 所示。通过对比发现,在这些随机取样点中平均转换误差为>0～2 的点数占 96.27%,转换误差为>2～4 的占 1.73%,转换误差为>4～10 的占 1.13%,转换误差>10 的占 0.87%。

表 5.1　转换误差分布表

采样误差	B1 的取样点数			B2 的取样点数			B3 的取样点数			平均占总取样点的比例/(%)
	第一组	第二组	第三组	第一组	第二组	第三组	第一组	第二组	第三组	
>0～2	95 543	95 676	95 491	96 217	96 356	96 087	97 005	96 906	97 121	96.27
>2～4	2 405	2 351	2 463	1 506	1 464	1 570	1 275	1 289	1 263	1.73
>4～10	875	886	867	1 608	1 620	1 599	893	909	882	1.13
>10	1 177	1 087	1 179	669	560	744	827	896	734	0.87

注:B1、B2、B3 分别代表影像的三个波段值。

由于 QTM 格网与遥感像元之间不存在一一对应的关系。在数据转换中会产生一个 QTM 格网与多个像元相交的情况。在这种情况下,QTM 格网包含多个像元的局部信息。当这些与 QTM 格网相交的像元值不同时,无法用单一的 QTM 格网值表示格网内的多种信息,只能取这些像元的加权平均值来表示影像的原信息。因此,从影像数据到 QTM 的格网数据的转换必然会存在数据的精度损失。为了尽可能地减小数据转换的精度损失,我们选择 QTM 的格网面积小于平面像元,避免了 QTM 格网与更多像元(多于四个)相交的情况,从而减小了数据转换的精度损失。实验结果也表明:将 4 km 分辨率的影像数据转换到 12 层的 QTM 像元时,转换误差为>0～2 的占 96.27%,该数据转换方法具有可行性,能够满足大多数的应用需求。

5.2　球面三角格网影像数据压缩

5.2.1　现有压缩算法的评述

影像数据是高度相关的,或者说存在着冗余信息。去掉这些冗余信息,最大限度地减小信息之间存在的相关性,可以有效压缩影像,同时又不会损害影像的有效信息。这也是影像数据无损压缩的基本思想。信息熵是衡量影像数据信息冗余度的一个重要指标,也是影像数据无损压缩的极限值。因此,首先介绍信息熵的有关概念及其与数据压缩之间的关系。

1.信息熵与数据压缩的关系

令 S 代表一组事件 $E_1,E_2,\cdots,E_n$,它们出现的概率为 $P(E_k)=p_k,0\leqslant p_k\leqslant1$,并有

$$p_1+p_2+\cdots+p_n=1$$

定义 5.1 事件 E_k 的自信息记作 $I(E_k)$,并定义为

$$I(E_k)=-\log_2 p_k$$

p_k 越小,则 $I(E_k)$ 越大,这是和我们的感觉相符合的。某一事件越罕见,则其出现所带来的信息就越多。

定义 5.2 S 的熵,称为 $H(S)$,是自信息的统计平均值,即

$$H(S)=-\sum_{k=1}^{n}p_k\log_2 p_k \tag{5.4}$$

香农(Shannon)从理论上证明,信号的无损压缩倍率不可能高于信号的熵。换言之,影像的熵是影像数据压缩的极限值。降低影像数据的熵可以提高压缩的极限值,从而使获得更高的数据压缩比成为可能。平均意义上讲,熵是表示一个符号所需的最少位数,是表示各事件比特的统计平均值(吴乐南,2003;戴善荣,2005)。

2.常用的压缩方法

典型的数据压缩方法包括去相关和熵编码两个步骤。去相关就是去掉影像数据中冗余信息的过程。在去相关的过程中,首先需要建立预测模型;然后根据预测模型获取未知事件(像元)的预测值,事件(像元)的预测值和真实值之间存在着一个改正数;用相关性低的改正数数组代替原图像数据就可以达到减小数据熵的目的,即剔出或减少了事件(像元)间的冗余信息。在去除像元间的冗余信息后,需要对相关性低的改正数进行熵编码。在熵编码的过程中,给出现概率大的符号赋予一个短码字,给出现概率较小的符号赋予一个长码字,从而使最终的平均码长很小,达到压缩数据的目的。

熵编码的相关研究已经相对比较成熟,编码效率较高,而且熵编码的平均码长不会低于数据的熵。因此,通过提高熵编码的编码效率来提高数据压缩比的效果是非常有限的。若要获取更高倍率的压缩比,则需要建立更好的预测模型来有效地降低图像熵。预测模型是预测编码无损压缩的核心问题。预测模型的优劣直接决定了数据压缩倍率的大小。

理想的数据预测模型应该同时满足以下几个条件(Wu Xiaolin,1997):

(1)完全地剔除冗余信息,即预测模型应该能够剔出信息源中所有的冗余信息。

(2)低计算量,即预测模型的建立应该是低计算量的。

(3)低的存储空间需求,即预测的相关信息存储不应该占用太多的存储空间。

上面所说的这些准则是相互矛盾的,不可能使上述的标准同时达到最优。在

实际应用中应兼顾这几个因素,选择高压缩率与低计算量、低存储空间的平衡点。

从理论上讲,已发生事件(像元)都可以作为参数来推测未知事件(像元)的值。为了避免复杂运算,一般只选用邻近像元作为预测模型的参数,参与未知像元值的预测。如图 5.5 所示,要预测 $H_{i,j}$ 的值,通常只用 $H_{i-1,j-1}$、$H_{i-1,j}$、$H_{i-1,j+1}$、$H_{i,j-1}$ 四个邻近像元的值来进行预测运算。

	$H_{i-1,j-1}$	$H_{i-1,j}$	$H_{i-1,j+1}$
	$H_{i,j-1}$	$H_{i,j}$	
	$H_{i+1,j-1}$		

图 5.5　平面预测模型中可用像元

基于邻近像元的平面预测模型较多,如简单预测模型(Kidner et al,1992),基于拉格朗日乘法算子的线性预测模型(Smith et al,1994),最小二乘的线性预测模型(张立强,2004;Wang Jinfei et al,1995),基于上下文的预测模型(Wu Xiaolin,1997),差分脉冲编码调制(differential pulse code modulation,DPCM)预测模型(Shantanu et al,2001),平均边缘检测(median edge detector,MED)预测模型(Weinberger,2000)等。这些预测模型都是以邻近像元作为参数推测未知像元的值,都是建立在平面像元四邻近和八邻近的基础上,适用于平面影像数据的压缩。而 QTM 是球面三角格网,其邻近关系和平面像元不同,无法将这些预测模型移植到 QTM 格网数据的压缩中。为此,需要建立新的预测模型实现 QTM 格网数据的无损压缩。

5.2.2　基于邻近的预测编码压缩

通常来说,空间邻近事物的相关性与事物之间的距离有关。事物之间的距离越近,则它们之间的相似度越高;距离越远,则它们之间的相似度越差。由于邻近 QTM 格网间的距离近,相似度高,所以在建立 QTM 格网值的预测模型时,仍选择邻近格网单元的值作为预测模型的参数。这样既可以利用邻近格网之间的相似性剔出格网间的冗余信息,又可以避免预测模型中出现过多的参数,不会增加过多的计算量。另一方面,由于不同邻近类型的邻近 QTM 格网间的距离不等,所以在预测模型中应给不同距离的邻近格网赋予不同的权重。因此,为了建立更适合于QTM 格网数据压缩的预测模型,需要清楚邻近 QTM 格网之间距离的相对关系。

1.邻近 QTM 格网之间的距离关系

QTM 格网有三个边邻近格网,九个角邻近格网。角邻近格网又可以细分成两类:通过两次边邻近查找获得的角邻近格网称为直接角邻近格网;需要通过三次边邻近查询获得的角邻近格网称为间接角邻近格网。如图5.6所示,4、5、6、7、8、9格网是格网0的直接角邻近格网,在邻近搜索时,通过一次边邻近搜索可以获得格网0的边邻近格网1、2、3,再搜索1、2、3的边邻近格网,可获取格网0的直接角邻近格网;10、11、12为间接的角邻近格网,查询间接角邻近格网时,则需要在直接角邻近格网的基础上进行再次的边邻近搜索。

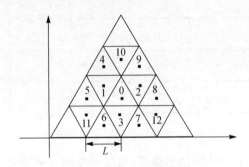

图 5.6 邻近 QTM 格网的特点

为计算邻近格网中心点之间的距离,需要求出格网中心点和它的邻近格网中心点的坐标值。如图 5.6 所示,假设每个三角形格网的边长为 L(在等三角投影(equal triangles projection,ETP)面上),根据式(5.5)可求出格网 0 的中心坐标为 $(2L, 2\sqrt{3}L/3)$,三个边邻近格网(1、2、3)的中心坐标分别为 $(3L/2, 5\sqrt{3}L/6)(5L/2, 5\sqrt{3}L/6)(2L, \sqrt{3}L/3)$;六个直接角邻近格网(4、5、6、7、8、9)的中心坐标分别为 $(3L/2, 7\sqrt{3}L/6)(L, 2\sqrt{3}L/3)(3L/2, \sqrt{3}L/6)(5L/2, \sqrt{3}L/6)(3L, 2\sqrt{3}L/3)(5L/2, 7\sqrt{3}L/6)$,三个间接角邻近格网 10、11、12 的中心坐标分别为 $(2L, 4\sqrt{3}L/3)(L, \sqrt{3}L/3)(3L, \sqrt{3}L/3)$。由此可以计算出格网 0 到它的邻近格网中心的距离值:

$S_{01} = S_{02} = S_{03} = 0.577\,35L$;

$S_{04} = S_{05} = S_{06} = S_{07} = S_{08} = S_{09} = L$;

$S_{010} = S_{011} = S_{012} = 1.154\,7L$。

$$
\left.
\begin{aligned}
O_{k-1,0} - O_{k,0} &: (\Delta X_{k,0}, \Delta Y_{k,0}) = (0,0) \\
O_{k-1,0} - O_{k,1} &: (\Delta X_{k,1}, \Delta Y_{k,1}) = \left(0, \alpha \frac{2^{n-k}}{\sqrt{3}}\right) \\
O_{k-1,0} - O_{k,2} &: (\Delta X_{k,2}, \Delta Y_{k,2}) = \left(-2^{n-k-1}, -\alpha \frac{2^{n-k-1}}{\sqrt{3}}\right) \\
O_{k-1,0} - O_{k,3} &: (\Delta X_{k,3}, \Delta Y_{k,3}) = \left(-2^{n-k-1}, -\alpha \frac{2^{n-k-1}}{\sqrt{3}}\right)
\end{aligned}
\right\}
\tag{5.5}
$$

由此可以发现,在 ETP 投影面中格网到它的三个边邻近格网中心点的距离相等,都为 $0.577\,35L$,格网到它的角邻近格网中心点的距离平均值为 $1.051\,56L$,近似地为到边邻近格网的中心点距离的 2 倍。为此,在预测模型中应该给边邻近格网值赋予更高的权重。

2.基于邻近预测编码压缩的原理

在预测数据压缩技术中,利用图像中相邻数据间的相关性来估计下一点的信息。如果能将数据源预测为某一时间函数的话,则此数据源已被完全确定,从而也就不再需要传送任何信息,即信息的熵为零(郭一平,1993)。然而,通过预测函数得到的预测值不可能完全和数据源的值相等,预测值和真实值之间必然会存在一个改正数,即,在确定预测函数后,可以用一组改正数代替原来的数据源。改正数之间的相关性越小,信息熵就越小。对这些改正数进行编码就可以实现数据的压缩(Sun et al,2006)。

和平面像元类似,邻近的 QTM 格网值相似度越大,产生信息冗余的概率就越高。为此,仍采用 QTM 格网的邻近像元值作为预测模型的参数。然而,并不是所有的邻近 QTM 格网值都可以作为参数来进行格网值的预测。理论上,三个边邻近和九个角邻近都可以作为参数来推测待预测的格网值。但实际上,为了保证在解码时能得到正确的格网值,只能用已访问过的格网值来推测待预测的格网值,即要推测第 $i+1$ 个格网值时,只能用 1 到 i 格网的值。

为此,需要从待预测格网的邻近格网中找出已经被预测过的格网。其实现的具体过程如下:先根据待预测的格网编码找出与其邻近的格网编码;然后比较它们和待预测格网的编码大小;比预测格网编码小的格网是已访问过的格网,可作为参数进行格网值的预测;比预测格网编码大的格网是未访问过的格网,不能将其作为参数用来推测待预测的格网值。

在确定可用于预测的邻近 QTM 格网后,需要确定出邻近格网在预测函数中的权重。由前面分析可知,格网中心点到它的边邻近格网中心点的距离是它到角邻近格网中心点距离的近似 2 倍。而格网之间的距离越近,则它们的相似度越高。因此,在预测模型中设定边邻近格网的权重是角邻近格网的 2 倍。整个预测函数可表示为

$$
\left.
\begin{aligned}
&\hat{H}_n = k_1 X_1 + \cdots + k_1 X_i + k_2 Y_1 + \cdots + k_2 Y_j \\
&k_1 = 2k_2 \\
&k_1 \times i + k_2 \times j = 1
\end{aligned}
\right\}
\tag{5.6}
$$

式中,i 为已被访问过的待预测格网的边邻近格网数,j 为已被访问过的角邻近格网数,k_1、k_2 分别为边邻近和角邻近格网在预测函数中的权重,X_i 为已被访问过的边邻近格网的值,Y_j 为已被访问过的角邻近格网值,$\hat{H}_n$ 为格网的预测值。

在计算出待预测格网的预测值后,根据式(5.7)可求出格网真实值和预测值之间的改正数,最后按照熵编码对格网的改正数 V 进行编码存储,就可以实现邻近

预测编码的 QTM 格网无损压缩。整个基于邻近预测编码的压缩流程如图 5.7 所示。

$$V = H_n - \hat{H}_n \tag{5.7}$$

式中,V 是格网真实值和预测值的差,H_n 是格网的真实值,$\hat{H}_n$ 是格网的预测值。

图 5.7　邻近预测编码压缩的实现

3. 改正数的编码与解码

在获得改正数后,需用对其进行编码压缩。常用的熵编码有:哈夫曼编码和算术编码等(Huffman,1952)。由于哈夫曼编码的编码和解码过程都比较简单,易于编程实现,所以选用哈夫曼编码作为熵编码,对预测后的改正数进行编码压缩。

1)编码过程

采用哈夫曼编码对改正数进行编码,其实现的具体过程如下:

(1)首先统计信息源中各改正数出现的概率,按改正数出现的概率从大到小排序。

(2)把最小的两个概率相加合并成新的概率,与剩余的概率组成新的概率集合。

(3)对新的概率集合重新排序,再次把其中最小的两个概率相加,组成新的概率集合。如此重复进行,直到最后两个概率的和为1。

(4)分配码字。码字分配从最后一步开始反向进行,对于每次相加的两个概率,给大的赋"0",小的赋"1"(也可以全部相反,如果两个概率相等,则从中任选一个赋"0",另外一个赋"1"即可),读出时由该符号开始一直走到最后的概率和"1",将路线上所遇到的"0"和"1"按最低位到最高位的顺序排好,就是该符号的哈夫曼编码。

生成哈夫曼编码后,每个改正数都会对应一个唯一的二进制编码。依次读取格网值的改正数,用其对应的二进制编码代替改正数。这样将连续的多个改正数变成了一个二进制的数据流,即比特流。存储比特流数据就可实现 QTM 格网数据的无损压缩。

2)解码过程

在开始解压数据流之前,编码器必须根据改正数的概率(或者出现的频率)确定其对应的哈夫曼编码。为了更清楚地理解哈夫曼的解码过程,用图 5.8 来解释解码的过程。A_1、A_2、A_3、A_4、A_5 为等概率的符号,按照二叉树的形式建立解码器。四个符号的输入串"$A_4 A_2 A_5 A_1$"的编码是比特流 1001100111。解码器从树根开始,读入第一位是"1",朝上走;读入第二位是"0",向下行;第三位,也同样。这就到达树叶 A_4,解出码字 100。再返回树根,读 110,两次向上,一次向下,到达树叶 A_2。按同样的方法重复,可完成比特流的解码。

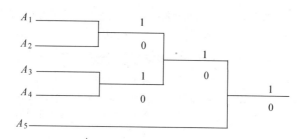

图 5.8 哈夫曼编码的解码过程

由上面熵编码的过程可以发现,编码是将改正数数组转换成了二进制的比特流。然而,在物理存储设备中,字节是最小的存储单位。如果把每个比特作为一个字节存储,则会占用很大的存储空间。因此,在存储前,需要将比特流转换成字节进行存储,即每 8 bit 的二进制流转换成一个字节存储。当比特流转换到最末剩余的比特数不足 8 个时,在末尾用 0 补齐剩余的位数为 8 bit,并将剩余的比特数一起写入文件末尾,以方便解码时准确地恢复原来数据的比特流。

4. 算法描述

基于邻近预测编码压缩的程序流程如图 5.9 所示。

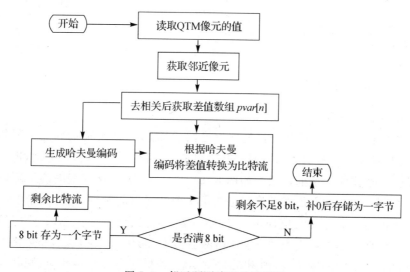

图 5.9 邻近预测编码的流程图

算法描述如下：

```
ImageComPression()
{
    Step1:ReadQTMValue//读取像元值;
    Step2:FindNeighbor(QTM)//获取邻近格网编码;
    Step3:CompareNeighor(QTM)//比较格网和它的邻近格网的大小,确定出可用于
                            //预测模型的格网;
    Step4:PredictionModel(QTM)//预测模型处理得到预测后的差值 pvar[n];
    Step5:CountProbability(pvar)//统计各事件出现的概率,并作为头文件写入压缩数据中;
    Step6:ConstructionHummanCode(QTM)//生成哈夫曼编码;
    Step7:DataCompressAndStore//数据的压缩存储;
    While(编码未结束)
    {
        ReadData(pvar);
        bit Steam←pvar//通过编码将预测值转换成比特流
        While(Number of bit>8)
        {   bit stream=8bit+rest bits
            8 bit→a byte//8 个比特转换成一个字节存储
        }
    }
    other bits→a byte
}
```

5.2.3　压缩算法的改进

1.数据的动态保存

在预测模型中确定已访问过的邻近格网后,需要找到对应的邻近格网值。在平面图像的压缩中,根据预测模型动态地记录上一行或者上几行像元值,即可实现后续预测中所需像元值的记录。如图 5.10 所示,在 Kinder 模型中待预测像元的上方三个邻近像元和左侧邻近像元参与第 i 个像元值的预测,只需记录上一行和本行已访问过的对应像元值即可。从这些像元中就能找到预测函数所需的像元值。但在以四进制编码组织的 QTM 格网数据中,没有行列的概念,邻近格网值在空间存储位置上的间距不等,如图 5.11 所示。若保留全部的格网值,则其浪费存储空间。若用预测模型后差值推算原格网值,需从第一格网反推求解,计算复杂,不便于实际操作。

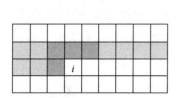

图 5.10　平面像元值的保存

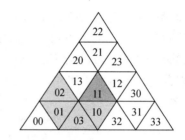

图 5.11　预测函数中可用的 QTM 格网

为了解决上述问题,本书提出了用动态的方法记录已访问过的格网值。其具体方法是:首先,建立一张空数据表用来保存原始的格网值;在推测待预测格网值时,将待预测格网的编码 $Code$、改正数 V 和预测函数中的 I 值和 J 值作为一组记录写入表中;在后续的格网预测时,从数据表中可查询到已被访问过的格网值;若查询到的格网是待预测格网的边邻近格网,则它的 I 值自动加一,若是角邻近格网,则 J 值自动加一;当数据表中格网的标示位 $I=3$ 且 $J=9$ 时,即表示在后续的格网值的预测中不会再用到此格网值,从表中删除此格网的数据记录,即实现了动态保存已访问过的格网值。

2.简化的预测模型

QTM 格网的角邻近搜索是建立在边邻近搜索算法基础上的,要搜索出所有的角邻近格网,需要进行 7 次边邻近的搜索,从而导致预测时间急剧的增加。而且和边邻近格网相比,角邻近格网在预测函数中所占的权重小。为了提高预测处理的效率,只考虑边邻近格网参与格网值的预测。在动态保存已访问过的格网值时也只考虑边邻近格网的情况,从而避免了存储大量的已被访问过的格网值。

简化后的预测模型描述如下:

(1)根据待预测格网的编码,求出该格网边邻近格网。

(2)比较这些编码和待预测格网编码的大小,确定可作为参数预测格网值的邻近格网编码。

(3)从已访问过的格网中确定可以用来预测格网值的边邻近格网数,即 i 值。

(4)通过式(5.8)求出格网的待预测值。

(5)通过式(5.7)求出改正数,并用算术编码实现对格网差值的压缩。

$$\hat{H} = \frac{1}{n} \sum_{i=1}^{n} X_i \tag{5.8}$$

式中,$\hat{H}_n$ 是格网的预测值,X_i 是已访问过的边格网值。

5.2.4　实验及压缩率分析

我们仍采用 Wsiearth.tif 图像数据进行了压缩率分析的相关实验。首先把

Wsiearth.tif 图像转换成后 12 层的 QTM 后,选取编码为 0120000000000 到 0120333333333 的 262 144个格网的数据作为实验数据。实验中,分别采用游程编码、哈夫曼编码、算术编码、基于邻近预测编码、改进后的边邻近预测编码等压缩方法对实验数据进行了压缩。用式(5.4)计算格网的熵。用压缩率表示压缩比的高低,其定义为

$$CR = \frac{压缩后的文件大小}{初始文件大小} \times 100\%$$

　　实验结果如表 5.2 和表 5.3 所示,原格网数据三个波段熵的平均值约为4.18,用基于邻近预测模型处理后的格网熵的平均值为 3.33,用简化后的预测模型处理后的格网熵的平均值约为 3.65。经基于邻近预测模型处理后格网的熵值得到了有效降低,仅为原格网熵的 79.66%。哈夫曼编码的平均压缩率为 58.38%,算术编码的平均压缩率为 74.42%,基于邻近预测编码的平均压缩率为 43.46%,改进后的边邻近预测编码的平均压缩率为 46.70%。实验结果表明:基于邻近的预测编码压缩算法和改进后的边邻近压缩算法的压缩率均高于哈夫曼编码、算术编码的压缩率。与原算法相比,改进后的边邻近预测编码压缩算法虽然压缩率略有降低,但由于减少了所需的边邻近搜索次数,压缩过程所需的时间急剧减少,仅为原算法的23.10%。

表 5.2　各格网熵的对比

	B1	B2	B3	平均
格网的熵	4.297 896	4.182 705	4.064 323	4.181 6
基于邻近预测后的格网熵	3.436 501	3.266 724	3.280 423	3.327 9
改进算法预测后的格网熵	3.710 261	3.595 697	3.636 099	3.647 4

表 5.3　压缩效率对比表

压缩方法		压缩后的大小	编码耗时/ms	解码耗时/ms	压缩率/(%)
哈夫曼编码	B1	155 977	594	671	59.88
	B2	152 697	566	579	58.25
	B3	149 457	562	585	57.01
算术编码	B1	199 859	766	687	76.24
	B2	195 176	829	671	74.45
	B3	190 269	797	657	72.58
邻近预测编码	B1	117 640	46 140	46 047	44.88
	B2	111 760	43 860	43 734	42.63
	B3	112 423	47 129	46 765	42.88
改进后的边邻近预测编码	B1	124 357	10 296	10 172	47.44
	B2	120 711	10 219	10 094	46.05
	B3	122 204	11 281	11 141	46.62

5.3　基于三角格网的多分辨率地形数据压缩

在进行多分辨率地形表达及可视化时,通常主要采用两类格网:一类是不规则三角网(TIN)(Cohen-Or et al,1996;Hoppe,1998),另一类是规则(或半规则)格网所生成的自适应三角网。尽管 TIN 能用较少的三角形更逼真地表达地形,但是由于其格网的不规则性和复杂性,难以在存储、格网简化、多层次细节表达方面满足大范围多分辨率地形表达的要求。而基于规则格网生成的自适应三角网,由于其格网的规则性和简单性,在模型简化、多层次细节表达方面基本能满足多分辨率地形表达的要求(Lindstrom et al,2002)。众多学者(Lindstrom et al,1996;Duchaineau et al,1997;Röttger et al,1998;Pajarola,1998a;Gerstner,2003)用此格网来表达地形,其通常也被称为 4-K 格网、直角三角形不规则网和限制性四叉树三角网。对于此类地形格网数据,通常多以格网 DEM 的形式进行存储。该格式是将其分块,每块采用高程值串字段按以行为主的方式存储。这种存储格式适合于单一分辨率高程数据,难以满足多分辨率地形数据表达的要求。一方面,在进行数据存储时,必须每隔固定的间距存储一个高程值,没有顾及地形起伏的因素,对于多分辨率地形表达,必然会引起很大的数据冗余。另一方面,在生成多分辨率地形模型时,算法处理的数据在高程值串中的存放位置缺乏连续性,导致过多的页面换入换出操作,难以适应实时可视化的要求。

基于自适应二叉树数据压缩存储较好地解决了这个问题(Gerstner,2003),但其数据的组织管理是以三角形为基础的,在表达多分辨率规则格网 DEM 数据时,会带来三角形数据块边界数据难以匹配等问题。为了更符合人们的习惯,我们将其发展,以正方形为基础组织规则格网 DEM 数据,相应的一些三角形对及边界三角形的判定准则也发生了变化,下面将详细介绍。

5.3.1　基于三角形二叉树的多分辨率地形表达

这里首先介绍一种格网的细分方法,称作最长边二等分或分裂最新顶点。如图 5.12 所示,对等边直角三角形 $T(V_0 V_a V_1, V_a$ 为直角顶点)来说,通过引入最长边 $V_0 V_1$ 的中点 V_c 对其进行等分,原三角形 T 分裂成两个新的三角形 $T_0(V_a V_c V_0)$ 和 $T_1(V_1 V_c V_a)$,分别称为左右三角形。同样的,可以对 T_0 和 T_1 重复递归地进行这样的分裂,会产生更高分辨率的格网。

对于整块地形来说,可以将其看成由两个等边直角三角形表达的格网,通过三角形二等分递归细分产生更高分辨率的格网。这种递归细分新引入的顶点正好和规则格网的顶点相重合,如图 5.13 所示。

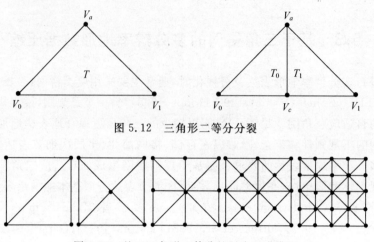

图 5.12　三角形二等分分裂

图 5.13　基于三角形二等分的层次地表模型

　　这样的格网细分方法会产生自适应三角网,可以用来表达多分辨率地形。基于三角形二等分的细化方法能较好地适应地形的变化,如根据表达误差阈值,在地形变化不大的地区,三角形格网细分层数较少,而在地形变化复杂的地区,三角形剖分层数更多。如图 5.14 所示,可以用二叉树表达这样的递归细分过程:对于一个正方形地形数据区域而言(相应于一个虚拟的根结点),其对应两个初始的等边直角三角形,每个三角形通过边二等分分裂成两个子三角形,如此分裂直到满足一定的分辨率为止,这是一棵满二叉树,非叶结点有两个叶节点。从图 5.13 可以看出,三角形每分裂一次,引入一个顶点高程数据。这样,对于已知四个角点坐标和高程值的地形块而言,只需记录每个分裂顶点的高程值即可。然而,所有引入的顶点并不构成一种树结构,难以用树结构来表达顶点之间的关系。因为除位于边界的顶点外,所有新引入的顶点同时属于两个三角形。例如,两个初始的直角三角形共用的细化顶点是正方形的中点,如图 5.13 所示。位于边界的顶点有一个父结点,而其余顶点有两个父结点。

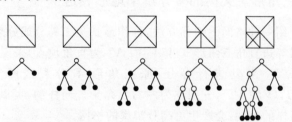

图 5.14　基于三角二叉树结构表达的自适应地形模型

5.3.2　树结构和空间填充曲线

　　基于上述分析,我们可以将地形区域看成由两个直角三角形构成,在细分过程中,每个三角形通过在斜边插入一中点分裂成两个小三角形,这两个三角形相对于插入的顶点来说,称为左右三角形。递归细分后的三角形网可以按如下方法编号:给定位于某奇数层的一个三角形 n,其左右子三角形编号分别为 $2n$ 和 $2n+1$;相反,对位于偶数层的一个三角形 n 来说,其左右子三角形则分别为 $2n+1$ 和 $2n$。在这里,我们规定每个地形块(对应一个正方形数据块)最初由两个位于第一层的两个编号为 $n=2$、3 的三角形组成。如图 5.15 给出了一个三角形编号例子。

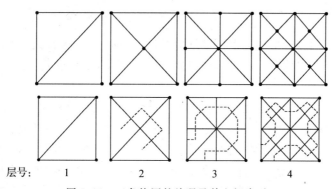

层号:　　　1　　　　　2　　　　　3　　　　　4

图 5.15　三角格网的编码及其空间索引

这样的三角形编号正好与 Sierpinski 空间充填曲线一致。以此顺序来遍历三角形网,前后相邻的两个三角形会共享一条边,这一点对于三角形条带的可视化非常有用,在构建三角形条带时相邻三角形的共享顶点不需重复操作。

1. 树结构编码

用自适应三角形二叉树表达地形时,该二叉树是一个满二叉树,当所有叶结点表达的三角形满足一定的分辨率、不必再细分时,该三角形二叉树就是对该区域地形最精细的多分辨率表达。其所有叶结点构成多分辨率地形模型的三角格网,如图 5.16 所示。而其子树,可以看成是对该区域地形数据的压缩,其叶结点构成一个较低分辨率的自适应地形表达,如图 5.17 所示。不同的子树,对应不同的多层次细节层,表达不同分辨率的地形细节。

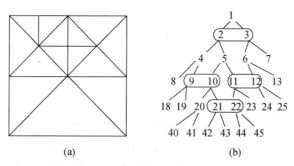

(a)　　　　　　　　　　　　(b)

图 5.16　多分辨率地形及其二叉树表达

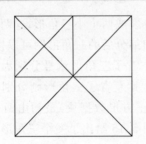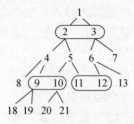

图 5.17 LOD 地形模型及其二叉树表达

在选择不同分辨率的地形模型细节时,通常有一个误差准则,用于作为判定三角形分裂后合并的依据。通过选择不同的误差阈值,来获取其相应细节层次的自适应二叉树表达。

二叉树的实现一般是通过指针实现的,但这种通过指针的实现方法有很大比例的空间被结构化开销(即为了实现数据结构所占用的空间)所占用,而不是用于存储有效的数据。为了节约存储空间,通常采用树结构编码来压缩这种树结构的空间开销,Katajainen(1990)对其进行了详细介绍。我们这里采用二进制编码来表达二叉树结构,其编码准则为:有子结点用"1"表示,无子结点用"0"表示,这样每个结点用一位二进制数表示。图 5.16 中的二叉树可以表示成:111010011100100110001110000(中序遍历)。依据此编码我们就将二叉树的结构详细地记录了下来。

2.三角形对及边界三角形

如图 5.15 所示,共用一条最长边的三角形对在分裂时,会引入相同的顶点,称为三角形对,互为对称三角形。在细分时,它们必须同时分裂,否则会产生裂缝(Cracks)或 T 型节(T-junctions)。在奇数层,所有三角形的最长边均位于区域内部,因此每个三角形都存在一个相邻三角形与其形成三角形对;而在偶数层,三角形则分成两类,一类三角形其最长边位于区域边界,没有三角形与其形成三角形对,称其为边界三角形,细化时这类三角形可以单独分裂;另一类三角形其最长边位于区域内部,总存在一个邻接三角形与其形成三角形对。

图 5.16(b)是三角形二叉树,其中三角形对用"◯"表示,在二叉树中为了减少对三角形细化顶点的重复存储,一对三角形可以共享一个存储单元。为此,有必要找出边界三角形,并完成三角形对中两个三角形编码之间的转换。

三角形编码用二进制表示时,编码的位数等于层数加 1。

当 $L=1$ 时,$n=2$、3,表示成二进制为 10、11,位数为 2。

当 $L=2$ 时,$n=4$、5、6、7,表示成二进制位数为 3。

奇数层中无边界三角形,边界三角形只在偶数层中出现。第二层中 4 个三角形均为边界三角形;第四层中有 8 个边界三角形,二进制编码以"00"或"11"结尾的均为边界三角形;第六层有 16 个边界三角形,其二进制编码最后四位以"0"或者"1"

成对出现,如"＊0011""＊1111""＊1100""＊0000"等;以此类推,第 m 层(m 为偶数),有 $2^{(m/2+1)}$ 个边界三角形,其二进制最后 $m-2$ 位以"0"或者"1"成对出现。例如,位于第四层的三角形 28(11100)和第六层的三角形 92(1011100)均为边界三角形。

对于三角形对中两个三角形编码的转换,同样可以用二进制位编码实现。给定一个三角形二进制编码,首先判断其是否存在三角形对,如存在,我们再通过在其编码的末尾加符号♯,然后去掉其第一位二进制数 1,递归进行下面的替换运算,直到消去符号♯,即可求出三角形对中的另一三角形编码为

$$\{00\sharp \rightarrow \sharp 11, 11\sharp \rightarrow \sharp 00, 01\sharp \rightarrow 10, 10\sharp \rightarrow 01, 0\sharp \rightarrow 1, 1\sharp \rightarrow 0\}$$

该转换法则,从最后两位二进制数开始,每次将位于符号"♯"左边的两位二进制数字进行转换,直到消去符号"♯"为止,最后,再添加上预先去掉的"1"。注意当符号"♯"左边只有一位二进制数字时,执行上述转换法则的最后两项变换 $0\sharp \rightarrow 1$ 和 $1\sharp \rightarrow 0$。例如,三角形 8(1000)的对称三角形为 15(1111),三角形 35(100011)的对称三角形是 60(111100),而三角形 19(10011)无对称三角形。

该法则可以用数学归纳法证明。三角形编码总位数是奇数时,说明该三角形位于偶数层,有可能是边界三角形,这里要强调的是首先应该把位于偶数层中的边界三角形去除掉,再进行上述转换。每个三角形最高位的编码均为"1",去掉最高位数字"1",我们从右到左成对检查三角形编码,以"01"或"10"结尾的三角形,互为对称三角形,只需将"0"和"1"调换即可;以"01"或"10"紧跟成对的"00"或"11"结尾的三角形,也是将"0"和"1"互相转换即可,如"＊0111"和"＊1000"、"＊0100"和"＊1011"、"＊010000"和"＊101111"、"＊101100"和"＊010011"等互为对称三角形;以"1"或"0"紧跟成对"00"或"11"结尾的三角形,同样也是将"0"和"1"互换,如110000 和 101111、101100 和 110011 等互为对称三角形(注意这里把原先去掉的数字"1"又加了回去)。

5.3.3　基于三角形二叉树的地形数据压缩

对于多分辨率地形模型数据的组织存储,我们可以采用两个一维数组来完成。一个数组按照三角形二叉树遍历顺序逐个地存储顶点高程值,每个三角形结点只需存储其对边中点的高程值即可。另一个数组用于存储表达多分辨率高程模型的二叉树结构编码(参见 5.3.2 小节)。数组的大小由模型中的顶点数量决定,其又间接的取决于多分辨率模型误差阈值的大小(参见 5.3.2 小节)。误差阈值越小,模型越精细,选取的格网顶点越多,数组越大;反之,误差阈值越大,模型越粗糙,选取的格网顶点越少,数组越小。

树结构编码的位数等于二叉树中结点的个数,但和一维数组存储的元素个数并不是一一对应的。树结构编码中为"1"的结点对应中间结点,为"0"的结点对应叶结点。在存储时,编码为"1"的结点存储其所表示的三角形对边中点的高程值,

编码为"0"的结点不必存储任何信息。这些高程值按顺序存储在一维数组中,其中每一元素在二叉树中的位置,可以根据树结构编码在遍历时确定。然而,由于所有的内部结点(一个结点对应一个三角形,存储其对边顶点高程值)在树遍历时会出现两次,因此有必要进行一些相应的变换,以避免高程值的重复存储。

为此,结点只需在其第一次出现时存储。一个方法是应用 5.3.2 小节介绍的三角形对替换准则,仅仅存储编码较小的结点,该结点在第二次出现时,通过编码转换进行识别,不进行存储。表 5.4 给出了树编码、三角形编号及对应边中点高程值在一维数组中的存储位置(即索引),其中树编码中"0"对应的三角形编号没有给出,索引位置一栏"♯"号表示第二次出现的三角形对,其顶点已在前面存储。

表 5.4　树编码、三角形编号和结点的存储位置

三角形编号	1	2	4		9			5	10	20			21			11	22				3	6	12				7		
树编码	1	1	1	0	1	0	0	1	1	1	0	0	1	0	0	1	1	0	0	0	1	1	1	0	0	0	1	0	0
索引位置		1	2		3			4	♯	5			6			7	♯				♯	8	♯				9		

当读取数据或进行其他操作时,可能会查找之前存储的结点数据,它们在一维数组中的位置可通过下面的方法确定:将需要再次处理的结点压入栈中,在第二次用到时,再从栈中推出。这样的处理,每层数据需要建立一个堆栈。遍历二叉树时,执行下述操作:对于某层的三角形 n,有

当 $n \in$ 三角形对中编码较小的三角形时,则读顶点数据并压入堆栈;

当 $n \in$ 三角形对中编码较大的三角形时,则推出堆栈;

当 $n \in$ 其他,则读顶点数据。

这样,一个多分辨率的 DEM 由对应于不同误差阈值的多细节层次模型组成,如图 5.16 所示,对应于最高分辨率的细节层次模型为树的叶结点组成的格网;对应于一个误差阈值 ε_i 的细节层次模型是其子树的叶结点组成的格网,如图 5.17 所示。多分辨率 DEM 在存储时只需在其最高分辨率模型对应的数组中存储高程值,中间分辨率模型只需存储其对应的树结构编码,其高程值从最高分辨率模型对应的数组中读取。然而如何在该数组中提取任意给定一棵子树中的结点,而跳过不包括在该子树中的另一些结点,也即搜索任意给定结点的父结点或子结点的问题。我们可以采用在结点中增加指针的方法,来解决这个问题,这里不做详细介绍。依此结构存储的 DEM 数据,前后相邻的三角形结点连续地存储在一起,这一点对于可视化操作非常有用。

5.4　本章小结

本章发展了以平面像元和格网的相交面积为权的数据转换方法,详细探讨了

确定相交面积权的方法,并通过实验分析了由平面像元到QTM格网像元转换中的精度损失。实验结果表明:将4km分辨率的影像数据转换到12层的QTM像元时,转换灰度误差在10以内的占99.13%,说明该转换方法具有可行性,能够满足大多数的应用需求。

其次,通过计算QTM格网及其邻近格网的中心点坐标,求出不同邻近类型的QTM之间的距离,通过比较发现,角邻近格网间的距离是边邻近格网间距离的2倍左右;根据QTM的邻近特点,建立了基于邻近的预测模型,探讨了预测后得到的改正数的编码与解码过程,并阐明了转换后的数据存储方法;为减少预测中所需的耗时量,发展了预测参数动态保存的方法,并在原算法的基础上,发展了基于边邻近的预测模型;最后,通过实验对比分析了常用的压缩算法的压缩效率。实验结果表明:基于邻近的预测编码压缩和改进后的压缩算法的压缩效率均高于游程编码、哈夫曼编码、算术编码的压缩率。与原算法相比,改进后的预测编码压缩算法虽然压缩率略有降低,但明显地减少了压缩预测所用的时间,仅为原算法的23.10%。

最后,以二叉树结构表示多分辨率地形模型,分别用二进制位串和一维数组来存储二叉树结构和格网顶点高程值。克服用规则格网DEM数据表达多分辨率地形时,数据存储的不连续性和数据冗余,实现了多分辨率DEM数据的连续存储,并减少了数据存储量。

第6章 球面三角格网DEM的多分辨率可视化

为了实现海量地形的实时绘制,本章首先介绍了地形模型简化及其方法,并分析了几种具有代表性的规则格网模型简化算法。在此基础上,提出了基于椭球面三角格网的细节层次模型生成算法,并对相关的快速显示策略:三角网的快速生成、基于菱形块的视域裁剪和基于视点和屏幕分辨率的数据动态调用进行了研究。

6.1 地形模型简化及相关研究现状

6.1.1 地形模型简化与可视化

1.地形模型简化与地形可视化的关系

随着计算机图形显示设备性能的提高,高度真实感图形生成算法的不断涌现,地形三维可视化技术已从线划三维地形图、模拟灰度三维地形图发展到高度真实感三维地形图这个阶段(徐青,2000;王永明,2000)。由于地形数据量巨大,其显示的实时性和逼真性始终是地形可视化中难以解决的一对矛盾。

为了解决这一问题,通常采用两种方法:一种是硬件加速,一种是软件优化(马照亭 等,2004)。基于硬件加速的方法是指通过提高计算机的硬件性能,如CPU的主频、内存的容量、快速的读写硬盘、图形显示加速芯片以及硬件的并行等策略,使计算机在尽可能少的时间内处理、显示更多更复杂的对象。在过去十多年中,几乎所有的计算机核心硬件设施在性能上都得到了突飞猛进的发展。但是,用户的需求是无限的,单纯依赖于硬件加速的快速绘制技术,并不能满足实际应用对绘制速度的要求。基于软件的加速方法包括图形软件和应用软件两个层次,前者通过优化图形包(graphics toolkits)的设计来加速图形的显示速度,如对底层硬件的调用支持、场景图结构(scene graph)、显示列表(display list)、三角条带(triangle strip)或三角扇形(triangle fan)、顶点数组(vertex array)等。这一点与基于硬件的加速方法类似,也存在设计上的上限问题。在应用软件层次上的加速是指根据人眼的视觉特征,在视觉效果和实际的图形绘制数据量之间进行折中,即在保证用户视觉效果的前提下,减少场景中需要绘制的图形数量。这类方法有背向面及被遮挡对象的消隐(back culling and occlusion culling)、视景体的裁剪(frustum culling)、模型简化(simplification)和基于图像的绘制(image-based rendering, IBR)等。除此之外,合理的数据组织和调度策略也是提高系统效率的重要途径之一。通常是将地形数据分块组织，并进行动态调用，实时地更新内存中的数据块，将空闲的数据块换出内存，而将待处理的数据块换入内存，以此缓解内存的压力。

基于图像的绘制对实时地形绘制有难以克服的困难（Erikson et al，2000），而背向面及被遮挡对象的消隐对地形绘制来说影响并不大，视景体的裁剪也可以作为广义上模型简化的研究内容之一，下面重点对地形模型的简化进行研究。

2.地形模型简化的定义

细节层次模型（level of detail，LOD），也称多分辨率模型（multi-resolution modeling，MRM），最早由 Clark 于 1976 年提出（Clark，1976），指对同一个场景或场景中的物体，使用具有不同细节的描述方法得到一组模型，供绘制时选择使用。在计算机中，人们通常用三角形网格来描述地形，基于规则格网的地形表达也需要进行三角化，才能进行显示。因而在地形可视化时，LOD 模型的生成就转化为三角形格网的生成和简化问题。对于 TIN 来说，就是简化图元并重新构建三角网的过程。对于规则格网，则是格网简化并三角化的过程。因此，地形模型简化和 LOD 生成是密不可分的，模型简化是建立 LOD 模型的基础。

地形模型简化用数学语言可以描述为（徐鸿 等，2001）：设给定区域 D 内的某个三维地形模型可以表示为 $\Sigma(V_O, E_O, F_O)$，其中 V_O、E_O、F_O 分别为构成模型的顶点集合、边集合和面元集合，简化过程就是要根据一定的误差度量法则 $f(V_O, E_O, F_O)$ 和面元变化规则 $\varphi(V_O, E_O, F_O)$ 得到一个简化模型 $\Sigma'(V_S, E_S, F_S)$，其中 V_S、E_S、F_S 分别为构成简化模型的顶点集合、边集合和面元集合。即：

(1)设 $V_O = \{v_0, v_1, \cdots, v_n\}$，$V_O \in D$，$D$ 为三维地形模型的定义域。

(2)设 E_O、F_O 为构成三维地形模型的边集合和面元集合，且 $e_i \in E$，$e_i = \{v_j, v_k\}$；$f_i \in F_O$，$f_i = \{e_l, \cdots, e_m\}$，三维地形模型为 $\Sigma(V_O, E_O, F_O)$，简化的模型为 $\Sigma'(V_S, E_S, F_S)$。

(3)简化过程为 $\Sigma(V_O, E_O, F_O) \xrightarrow{f(V_D, E_D, F_D), \varphi(V_D, E_D, F_D)} \Sigma'(V_S, E_S, F_S)$

对于本书研究的规则剖分的 QTM 格网而言，由于其几何拓扑结构和规则格网相似，因此在这里我们仅对规则格网的地形简化进行研究。

6.1.2　基于规则格网的模型简化方法及算法分析

1.模型简化方法

国内外众多学者（Floriani et al，1995；Hoppe，1996，1997，1998；Xia Julie et al，1996；Gross et al，1996；Lindstrom，2000；Lindstrom et al，1996，1997，2001；Duchaineau et al，1997；Mark et al，1998；张继贤 等，1997；潘志庚 等，1998；李捷，1998；王璐锦 等，2000；齐敏 等，2000；赵友兵 等，2002）对地形模型的简化进行了研究，提出了许多不同的算法。这些算法按照不同的划分标准，可以归纳成不同的

类型。根据模型的简化原理,可以分为自上向下(top-down)由粗到细的细化(refinement)和自下而上由细到粗(down-top)的简化两种;根据模型简化使用的模型表达方式不同,分为基于 TIN 的简化方法和基于 GRID 的简化方法;此外还可以根据其他准则分成拓扑结构保持与不保持型,视点相关型与视点无关型,自适应细分型,几何元素增减型,采样滤波法及基于小波、分形的模型简化等。

对 GRID 模型的简化,按照不同的分类标准有不同的简化方法。在本书中,我们按照模型简化是否顾及地形变化将其分为均匀重采样简化法和顾及地形特征的简化方法。前者不考虑地形的变化特征,对整个区域的原始数据经过不同间隔的均匀重采样,生成不同分辨率的简化模型,如图 6.1(a)所示。该方法实现简单、简化效率高,且简化模型易于显示和存储。但是该方法没有顾及地形的变化,简化误差不能得到有效的控制。

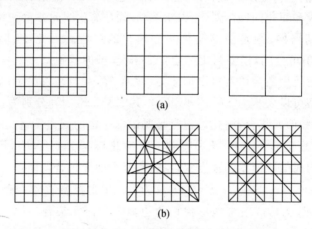

图 6.1　基于规则格网的地形简化方法

顾及地形特征的简化方法在简化地形时,将地形的起伏变化考虑进来,在地形变化平坦的区域删除较多的格网点,用较少较大的三角形来表达;而在地形变化剧烈的区域,用较多较小的三角形来表达。根据简化后三角网的形状不同,顾及地形的简化方法又分为不规则简化和规则简化型,如图 6.1(b)所示。前者是在原始GRID 数据的基础上,根据点的重要性分级提取不同的点集,并对这些点集进行Delaunay 三角构网形成不同分辨率的简化模型。该方法没有顾及原始 GRID 数据点的拓扑关系,生成简化模型的算法很复杂,但是该方法不但能很好地控制简化误差,而且简化的也最彻底。规则简化型方法在简化数据点时,顾及了点之间的拓扑关系,生成的简化模型更规则,如图 6.1(b)中第三幅图所示。虽然算法简单,但要求简化后的三角形为等腰直角三角形的特征限制了该方法的简化力度,同时为了防止相邻的三角形间出现裂缝,多数算法采用了对低分辨率的三角形强制分裂的措施,这又在一定程度上增加了简化后的三角形数量。

2.典型算法及分析

基于规则格网的地形模型简化及 LOD 的生成有很多比较成熟的算法。在 1999 年出现第一个图形显示单元前,LOD 算法重点集中在如何减少要绘制的三角形数量上,而不惜以加重 CPU 计算负担为代价。较典型的算法有 CLOD (Lindstrom et al,1996)、实时优化自适用格网(real-time optimally adapting meshes,ROAM)(Duchaineau et al,1997;Turner,2000)和渐近格网(progressive meshes,PM)(Hoppe,1996)。对于高速系统总线和图形显示单元(Graphics Process Unit,GPU)来讲,图形数据的传送、绘制过程不是数据显示的瓶颈,这时复杂的实时计算才是动态 LOD 模型关键要解决的问题。1999 年 NVIDIA 推出的第一个行业图形显示单元 Geforce256 以来,它可以承担以往由 CPU 负责处理的几何变换、光照、图形及纹理渲染等复杂计算,减轻了 CPU 的负担。为此,部分学者(Ulrich,2002;David,2002)提出了一种基于块的 LOD 算法,其不追求每一个 LOD 层次中三角形数目的最优化,而是利用 GPU 巨大的吞吐量,尽可能地减少 CPU 的负担。

1)CLOD 和 SOAR

Lindstrom 等(1996)的 CLOD 方法属于从底到顶的简化方法。其将格网形式表达的地形首先看成如图 6.2 所示的三角形格网。通过一定的规则在块间用较低分辨率的块替代较高分辨率的块,并在块内递归合并三角形,以达到移除高程点的目的。该算法通过维护一个关系依赖表来消除块内及块间裂缝和 T 型节,但是由于位于块边界上的点要同时参与相邻的不同块内的简化,其依赖关系的维护显得较为麻烦。

图 6.2　三角形对的合并

为了处理海量的地形数据,Lindstrom 在 2001 年又提出了状态无关一次扫描自适应细化算法(stateless one-pass adaptive refinment,SOAR)(Lindstrom et al,2001),其以嵌入式交错四叉树来存储结点,并不对地形进行分块,而是把整个地形看成一块来考虑,采用包围球结构存放误差,并以此来作为地形简化的依据。在三角形条带(triangle strip)的生成、数据组织及索引等方面做得较为成功。经过完善,在 2002 年基本上形成了基于外存模式(out-of-core)的大地形可视化框架(Lindstrom et al,2002)。

2)ROAM

另一个很著名的简化算法是 Duchaineau 等在 1997 年提出的 ROAM 算法,其属于自上而下方法,它将地形看成可以用二叉树层次表示,由一些直角三角形组成的地块(patches)。通过二分等边直角三角形的最长边,递归地用二分后的三角形替代原三角形,达到细化的目的。在三角形的分裂过程中,它采用了一种三角形强制分裂的方法来保证块间裂缝的消除。

ROAM方法的一个最大优点是能自动消除裂缝。它是通过维护一个优先队列,使得位于二叉树顶层的三角形误差始终大于其子三角形误差,以保证误差队列的单调性。

3)基于块的LOD

前面几种算法,在模型简化时是以三角形作为简化单位,我们称之为基于三角形的LOD算法。基于块LOD算法最典型的是基于块简化的细节层次模型(Ulrich,2002),它是由Ulrich在SIGGRAPH 2002年会上提出的一种大数据量静态LOD模型,它利用四叉树来组织不同误差级别的LOD层次,各LOD层次利用ROAM算法在预处理阶段提前生成。基于块简化的细节层次模型不追求每一个LOD层次中的三角形数目的最优化,而是利用GPU巨大的吞吐量,尽可能地减少CPU的负担。这种算法建立在目前高效的图形显示技术之上,宁可使用细节相对丰富的静态LOD多绘制一些三角形,而不是浪费更多的CPU来优化三角形的个数。基于块简化的细节层次模型是一种粗粒度意义上的LOD模型,在基于视点的简化上,不是停留在单个图元上,而是聚焦在几何块的层面上,大大加快了地形的绘制速度。类似地,还有Bloom(2000)的算法。但是基于块简化的细节层次模型算法在预处理阶段的计算量较大,耗费CPU的时间较多,且不同的LOD层次均需要存储,使得数据存储具有很大的冗余度(马照亭 等,2004)。David(2002)继承了基于块简化的细节层次模型的优秀思想,而且它几乎不需要预处理,且数据存储无冗余,但其简化时没有顾及地形起伏的影响。

6.2 基于椭球面QTM的LOD模型

由6.1节分析可知,传统的基于三角形简化的LOD模型存在一些问题。一方面,简化格网的计算量非常大,CPU的负担较重;另一方面,三角网较难生成甚至无法生成,对图形的绘制效率提高不大。而基于块简化的静态LOD算法在预处理阶段的工作量较大,且不同的LOD层次之间数据冗余存储很大。针对这些问题,本书在上述算法的基础上,发展了一种基于椭球面菱形块的动态LOD算法,它不仅具有基于块的简化算法的优点,而且避免了大量的预处理工作和存储负担。

6.2.1 算法的基本思想

本书采用在四叉树数据分块的基础上,建立CLOD模型的策略来实现全球地

形数据的三维显示。整个地球表面对应四个初始的菱形数据块,每个菱形数据块
对应一棵四叉树。在显示时,只对进入内存的数据块进行简化,生成 LOD 模型。
算法的基本思想是依据简化标准(见 6.2.2 小节),以四叉树数据块为单位进行整
体考虑,当该数据块误差不满足要求时,则替换成更小的数据块,直到满足误差要
求为止。绘制时满足误差的每棵四叉树数据块结点根据其三角形配置快速生成三
角形网格。在四叉树中,位于不同层的结点对应不同分辨率的数据块,所有的子结
点所覆盖的地形区域为父结点的四分之一,其分辨率比父结点的分辨率高一倍。
在四叉树中位于上层的结点涉及的采样点较少,地形绘制花费的代价小,误差大;
相反用下层的结点表示地形时采样点的分辨率高,绘制地形速率下降,地形表示的
误差小。在当前视点下,当某一结点所对应的数据块不满足误差要求时,则将其用
四个子结点替换,如此递归进行,直到满足一定的分辨率为止。随着视点的移动,
动态地选择满足分辨率的四叉树叶结点来渲染。

　　当视点较远时,屏幕显示整个地球的概貌,这时最低分辨率的数据层完全满足
需要,为此只需调用最高层的四个菱形块。每个菱形块通过上述方法递归细分,就
形成全球地形的 LOD 表达。随着视点的拉近,屏幕显示地球某一区域时,则需要
调用较高分辨率的数据,首先根据视点选择相应的数据层以及进入视区的菱形数
据块,对进入视区的数据块,根据屏幕投影误差选择满足阈值的四叉树叶结点,形
成多分辨率的 LOD 模型,随着视点的移动,动态地调整满足分辨率的四叉树叶结
点即可。图 6.3 表示某一菱形数据块的 LOD 模型,树中的每一个结点都覆盖整个
地球表面中的一菱形区域,其中,根结点 S_0 表示该数据块覆盖的地球表面区域。
视相关的简化依据视点的位置和方向合理地选择多分辨率的地形表示,视点周围
且地形较粗糙的区域用高细节的层次表示,远离视点且地形平坦的区域用较粗糙
的细节表示,提高绘制速率,使用户可交互浏览地形。地形高度绘制也就是遍历四
叉树结构,生成与视点相关的多分辨率地形表示,如图 6.3 所示,$\{S_1 \setminus S_{21} \setminus S_{22} \setminus S_{23} \setminus$
$S_{24} \setminus S_3 \setminus S_4\}$ 即为一地形表示。

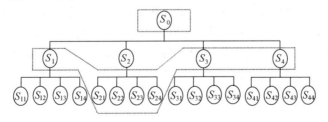

图 6.3　地形模型的四叉树表达

　　在决定某一数据块中的某一结点是否用更高分辨率的结点替换时,采用基于
四叉树结点数据块的评价函数和相邻四叉树的结点层数作为结点分裂的依据。如
果仅仅以该评价函数作为四叉树结点分裂的依据,则会出现一些四叉树结点分裂

了好多次,而邻接的一些结点几乎没有分裂,这样相邻结点表示的数据块之间会产生较大的裂缝。为了便于相邻数据块之间裂缝的消除,类似于限制性四叉树的生成,我们通过在四叉树中设立邻域指针的方法,保证相邻数据块最多相差一层。同时,为了加快显示速度,我们采用了三角网快速生成策略,基于块的视域裁剪技术及动态数据调用策略。

6.2.2　LOD 模型的简化准则和误差控制

模型简化方法有两种:一种是给出控制误差 ε,建立满足误差要求且图元数量最少的简化模型;另一种是给定期望的模型大小 S,使原始模型和简化模型之间误差最小。无论是哪一种要求,其模型的简化程度一方面取决于对简化模型的逼真度或精度要求的高低,另一方面取决于对简化模型数据量的限定。而这两方面又是紧密相关的,当对简化模型精度要求较高、数据量限定较小或数据量无限制时,简化模型和初始模型之间的误差较小,模型简化程度也较小;当对简化模型的精度要求较低,且数据量限定较严格时,简化模型和初始模型之间的误差会增大,模型简化较大。模型精度的评定是通过误差来进行的,因此模型误差是衡量模型简化程度的标准,同时也是控制模型简化的重要指标。

模型间的误差可分为两种:一种是相邻连续模型间的误差,称为增量误差;一种是当前简化模型与初始模型(即最高分辨率原始模型)间的误差,称为实际误差。对前一种误差的控制可以减少帧间的突变,即控制跳变现象;对后一种误差的控制,可以有效地提高简化模型的逼真度和精度,不至于使简化的模型变得面目全非。

下面首先对误差度量变量及误差估计进行详细介绍,然后在分析地形模型简化中的误差度量的基础上,给出本书简化算法所用的基于块结点的误差估计。

1. 误差度量变量及误差估计

地形模型简化的误差度量变量主要包括模型之间垂直方向的距离改变值(如点到面的距离,面到面的距离),以及曲面的曲率变化等(徐鸿 等,2001)。

(1)顶点在模型间的距离。即计算顶点在原模型和简化模型中的高程差。

(2)面元间最大距离、平均距离。即原始模型与简化模型中发生改变的面元对应的距离,一般是将二者相互投影,利用交点将重叠区域分解,计算最大距离或平均距离。

(3)曲面曲率。即地形模型表面所代表的曲面在某一点的曲率,曲率变化的大小代表该点的重要性。

(4)面元体积变化。简化前后面元的体积变化,体积变化的大小表示该面元的重要程度。

在测定模型间的误差时,通常是采用顶点在模型间的距离或面元间最大距离或平均距离,这是因为其计算简单,且测定的值较为准确,而曲面曲率和面元体积变化往往难以精确测定且计算复杂,因此很少采用。对这些误差变量的度量,一种是在目标空间测定的,称为目标空间误差;一种是投影后(通常是透视投影)测定的,称为屏幕投影误差(徐鸿 等,2001)。目标空间误差也是地形数据压缩等应用中的重要参数,屏幕投影误差由目标空间误差和空间投影方式决定,在测定屏幕投影误差时,往往还会考虑视点的影响,因而其最能有效地控制基于视点的模型简化误差。

给定区域 D 和 D 上函数 $\varphi(x)(x \in D)$ 定义的初始模型 M,简化模型 $M_i(i=1,\cdots,n)$ 及其相应的函数 $\varphi_i(x)$,目标空间误差为

$$O(M,M_i) = \max_{x \in D}(|\varphi(x) - \varphi_i(x)|) \quad (i=1,\cdots,n) \quad (6.1)$$

$$O(M_i,M_j) = \max_{x \in D}(|\varphi_i(x) - \varphi_j(x)|) \quad (i,j=1,\cdots,n) \quad (6.2)$$

式(6.1)表示简化模型与初始模型间的误差,属于增量误差;式(6.2)表示简化模型之间误差,属于实际误差。

数字地面建模时,不论是采用规则还是不规则格网,一般都是采用线性函数进行插值。因而 LOD 模型误差是通过计算线性函数的差值求得,这可以通过式(6.1)和式(6.2)看出。由于是线性函数,其最大值(目标空间误差)必位于简化模型的格网点上。因此,对于如图6.4所示的基于规则格网简化的地形模型(同样适合基于规则三角剖分的地形模型),在计算目标空间误差时,只需要计算模型简化过程中删去或增加的各个格网点的高程变化,选其最大值即为该简化模型的目标空间误差。

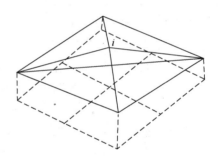

图6.4　顶点的目标误差

如图6.4所示,顶点 i 删除前后的高度变化值为其所对应的地形块的目标误差,其计算公式为

$$O_i = |(Z_l + Z_r)/2 - Z_i| \quad (6.3)$$

式中,Z_l 和 Z_r 分别为删除顶点 i 后所得简化边两端点的高程值,O_i 是顶点 i 到该简化边中点的高程差。

上面给出了模型简化时目标空间的误差测度,在生成与视点相关的地形细节层次模型时,需要计算其在屏幕空间的投影误差 ε,其与投影方式、视点等有关。在进行地形绘制时,通常用到的投影方式为透视投影,然而透视投影存在奇异性,且其算法复杂。

通常我们采用下面的方法计算投影误差。如图6.5所示,设 v 是目标空间误差 O 的中点,e 是视点,φ 是用弧度表示的视角,λ 表示单位投影面对应的屏幕像素数,L 为投影面长度,$|e-v|$ 表示视点 e 和顶点 v 之间的距离,α 表示视点到顶点的

直线与垂直向量之间的夹角,屏幕空间误差 ε 表示为

$$\varepsilon = \frac{\lambda LO}{\varphi|e-v|} \cdot \sin\alpha \tag{6.4}$$

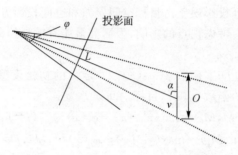

图 6.5　目标误差和投影误差的关系

2.基于四叉树结点数据块的评价函数

在生成 LOD 模型时,不同的算法采用了不同的误差作为模型简化的准则。Pajarola(1998b)和 Gerstner(2003)讨论了在物体空间各结点简化误差的层次嵌套关系,但是他们没有把这种简化误差推广到屏幕空间,因而无法保证该误差测度投影到屏幕空间也满足嵌套关系。在 ROAM 算法中,采用了物体空间和屏幕空间的层次误差判别依据,在物体空间中对每个三角形使用一个平行于三角形的包围体来估计三角形的误差,并将其投影变换到屏幕空间以确定其扭曲的程度,作为屏幕空间的判别依据(Duchaineau et al,1997)。ROAM 的计算比较复杂,且对每一帧都需要重新计算每个三角形的投影误差。Blow(2000)提出了三角形的误差判别依据等值面的概念,在这个等值面上,三角形的屏幕误差等于阈值,当视点位于该等值面外时,三角形无需剖分,只有当视点位于等值面内时,才对该三角形进行剖分。为了简化计算,对每个三角形采用球面作为误差判别依据等值面,记录球的半径值。在三角形构网时,实时计算视点到三角形剖分点的距离,这仅需三次乘法,五次加法。使用该测度的一个缺点是每个三角形的误差判别依据等值面是根据预先给定的阈值在预处理时计算的,在实时绘制中,用户无法改变原设定的屏幕误差阈值。在此基础上,Linsdrom 等根据顶点的依赖关系分析了物体空间和屏幕空间的饱和误差,使用结点的层次包围球,通过计算视点到包围球的最近距离,保守地计算该结点所包含的三角形在屏幕空间的简化误差(Linsdrom et al,2001,2002)。同时提出了各向同性(只与距离有关)与各向异性(考虑距离和视线方向)的误差估计方法,这两种方法均保证父子结点之间的误差饱和条件,但是这种计算方法,过高估计了三角形的屏幕投影误差,使三角形数目增多。

总之,上述各种算法采用的误差评价准则计算量较大,算法过于复杂。我们知道,在地形的连续细节层次模型绘制中,CPU 的主要工作量就是误差的计算,所以

采用上述算法计算结点的误差是低效的。

在地形实时绘制中,决定四叉树结点大小(即分辨率)的因素有两个:该结点表示的地形块的粗糙程度和该区域距离视点的远近。这也是决定结点评价函数的两个因素。

结点的选取首先需要考虑该结点所表示的地形块的误差,在进行误差估计时,无论是采用目标误差还是投影误差,其计算量均很大;另一方面在以树为组织结构的模型简化中,由于子结点是在父结点分裂的基础上产生的,必然要求父结点的简化误差大于等于其子结点的误差。为此在树结构的模型中,计算结点的误差时必须保证其嵌套关系,即子结点的误差不大于父结点的误差。为了保证这种误差的嵌套性,采用了大量的递归运算,这又大大地加大了计算的复杂性。为了节约CPU 的开销,本书没有严格地计算结点的误差,而是根据该结点地形块的粗糙程度来决定结点的深度,该方法非常简单,而且保证了结点误差的嵌套性。

本书用该区域高差的最大值表示粗糙程度,即

$$f_q = \max(Z_i) - \min(Z_i) \tag{6.5}$$

式中,Z_i 为某一格网点的高程。为了方便,结点表示的该区域地形粗糙程度在预处理阶段计算,存储在结点数据结构中。由于是以区域最大值表示结点粗糙程度,父结点的粗糙程度一定大于其子结点的值,因而完全满足嵌套关系。

结点的选取还需要考虑该结点所表示的区域距离视点的远近。如图 6.6 所示,设 P 为观察视点位置,C_0 为 DEM 上的视点中心,d 为视点到目标面中心的距离,C_i 为某一结点数据块中心,r 为该数据块中心到 C_0 的距离。d 越大,需要调用的数据层分辨率越低。在 6.3.3 小节我们用视距 d 和视角来决定调用的数据层,对于调用的某一数据层而言,r 越大,需要显示的四叉树结点层次越高,其分辨率越低。

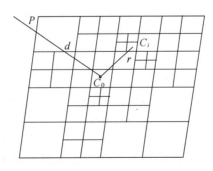

图 6.6　数据块的投影关系示意图

综合考虑该结点表示的地形块的地形粗糙程度和该区域距离视点的位置,本书采用式(6.6)结点评价函数,即

$$f = \frac{\left[\max(Z_i) - \min(Z_i)\right] \cdot \lambda \cdot s}{\sqrt{d^2 + r^2}} \tag{6.6}$$

式中,s 为视点到投影面的距离,λ 表示单位长度投影面对应的屏幕像素数。对于四叉树中的某个结点,如果其评价函数大于给定的阈值,则表示该结点必须进一步细分,否则该结点为叶结点,根据相邻结点情况直接用不同的三角网配置进行渲染。

6.2.3　模型内和模型间的平滑过渡

在进行多细节层次模型的显示时,特别要关注两方面的事情:模型在空间和时间上的连续性,即空间上不应出现裂缝或 T 型节,如图 6.7 所示;时间上不应该在帧间出现跳变现象。

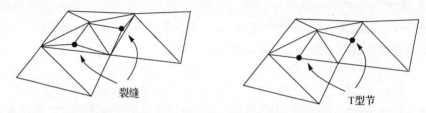

图 6.7　地形简化中可能出现的裂缝和 T 型节

空间上的裂缝和 T 型节,也即模型内部的不光滑问题,不同的简化算法提供了不同的解决方案。时间上的跳变现象,即模型间的平滑过渡问题,通常是通过 Geomorphing 技术加以解决。

1. 数据块之间裂缝的消除

基于规则格网生成的 LOD 模型,不论是采用顶点依赖关系(Lindstrom et al,1996)、二叉树强制分裂(Duchaineau et al,1997)和嵌套包围球(Lindstrom et al,2002),还是在相邻块内设置指针(Ulrich,2002)的策略来消除裂缝,其实质都是利用限制性四叉树或二叉树的特性,使相邻结点之间最多相差一层,以此来消除可能产生的裂缝。

在本书的算法中,为了便于相邻数据块结点之间裂缝的消除,我们也利用限制性四叉树的这一特性,通过在四叉树结点中设立邻域指针的方法,保证相邻数据块最多相差一层(David,2002)。当相邻块在四叉树中的位置相差一层时,块与块之间的裂缝消除变得较为容易,可以通过不同的三角网配置来避免,其详细策略见6.3.1 小节。

2. 模型之间裂缝的消除

一般而言,连续变化的每帧图形图像之间在形状上往往差别不大,而且颜色值变化也不大,要显示的一帧图像会继承前一帧图像的大部分特性。Geomorphing 技术正是依赖这些先验的知识来对图像或图形进行处理和生成,使得前后帧间的变化不会在视角上产生跳变现象,因此这种技术更贴近人们的习惯。

　　Geomorphing 过程主要由两步组成:第一步是建立图像或图形相应点之间的对应关系,描述场景中的某一点在两个不同图像或图形上的分布情况。这一步往往是 Geomorphing 技术中最困难的部分,一般的做法是先给定一些点或线段之间的对应关系,其余点之间的对应关系由这些信息推导得出。第二步是进行中间插值图像或图形的生成,利用第一步产生的点之间的对应关系,用两幅原始图像(图形)对应点的像素值(属性值)来插值中间图像点的像素值(属性值),这样就产生了一幅 Geomorphing 图像。

　　规则格网表示的模型由于在模型简化过程中,移除或添加的顶点具有明确的空间位置,其在模型间的对应关系很容易确定。插值时通常采用较简单的线性插值,根据其依据的参数不同又分为基于位置和基于时间的插值。

　　本书采用随距离渐变的 Geomorphing 来消除不同帧之间的跳变现象。设不同分辨率层次变化前后顶点的高程值分别为 h_0 和 h_1,渐变系数为 f,则某一距离条件下的高程值 h 可由式(6.7)计算得到,即

$$h = h_0 + f(h_1 - h_0) \tag{6.7}$$

　　当一帧图像开始调入时 $f=0$,随着视点的变化调入下一帧图像时 $f=1$,其他情况下 f 介于 0 和 1 之间,可以根据位置的变化线性插值得到。图 6.8 表示了 Geomorphing 前后顶点间的对应关系(胡金星 等,2004)。

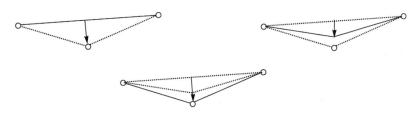

图 6.8　Geomorphing 前后的顶点的位置关系

6.3　椭球面三角格网 DEM 的快速显示策略

6.3.1　三角网的快速构建

　　在进行三角网的绘制时,每个三角形都必须向绘制管道传入其 3 个顶点的坐标。然而在一般三角网中,多个三角形共用 1 个顶点的情况非常频繁。统计显示,普通三角网中大约每个顶点被 6 个三角形所共用。如果在绘制每个三角形时都向绘制管道传入 3 个顶点,则每个顶点大约就要重复传送 6 次之多,这样就增加了绘制管道线的负担,降低图形的绘制效率。为了加快显示速度,我们利用 OpenGL

开发包中三角形扇面(GL-TRIANGLE-FAN)(Evans et al,1996)来减少处理的顶点数量,进而提高图形绘制能力。

对于按上述算法选择好的四叉树叶结点来说,因为四叉树结构中相邻结点之间最多只相差一个层次,因此,对于每一个要参与地形构网的四叉树结点,所构建的三角形数目范围为4~8,具体的配置如图6.9所示。其中图6.9(b)、图6.9(c)、图6.9(d)又分为四种情况,其他三种情况是对图中配置旋转90°、180°和270°,图6.9(e)的另一种情况是对它旋转90°。因此,对于一个具体的四叉树结点,对它进行构网时必须考虑16种不同的情况。究竟要采用哪一种配置,要考虑和它相邻四叉树结点分辨率的大小。

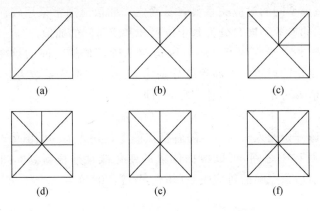

图6.9   四叉树结点的三角网配置

本书对三角形格网进行上述固定的扇面组织,以加速地形的显示。对于如图6.9(f)所示的一个四叉树结点,用三角形扇面来组织,则传入图形绘制管道的顶点数量为9个,而利用普通三角形绘制方法传入图形绘制管道的三角形顶点数量为8×3=24个,大大减少了传入图形绘制管道的顶点数量。

6.3.2   基于块的视区裁剪

在三维场景的绘制中,如果采用简单的Z-buffer算法,则不论场景中的图元是否位于视区之内,都需要对其进行变换和裁剪,这对图形处理系统是很大的负担(吴亚东 等,2000)。特别是对大范围的地形模型,往往包括数以百万计的三角形,如对它们一一进行相应的变换和裁剪,需要花费大量时间。如果能在实时绘制时,事先剔除掉用户不可见的部分,或尽可能地将它简化,则无疑可以有效提高实时绘制的速度。剔除掉用户不可见的部分称之为裁剪。裁剪算法分为视野区域外部分的视区裁剪(view frustum culling)、背向视点面片的背向裁剪(backface culling)和视野内被其他面片所遮挡部分的遮挡裁剪(occlusion culling)三种裁剪类型(Cohen-or et al,1996),如图6.10所示(Cohen-or et al,2001)。由于地形绘制在背面和遮挡方面要求不高,所以本书主要就视区裁减进行讨论。

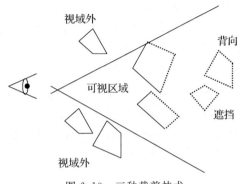

图 6.10　三种裁剪技术

　　传统的视区裁减算法是把构成地形的每个三角形或顶点与视景体的六个裁减面进行比较,判断三角形是否可见。当处理的数据量很大时,会耗用大量的时间,导致渲染的速度非常慢。例如 ROAM 算法中三分之一的时间用于裁减计算,包围盒判断法能省去很多不必要的计算,但是仍然有很多重复计算,一个大的包围盒通常要多次细分才能得到比较精确的裁剪结果(赵友兵 等,2002)。Hoppe(1998)采用包围球算法,该方法的问题在于,包围球扩大了结点占据的空间,因此往往会认为实际上位于视区之外的结点也与视区相交,从而增加了不必要的分解操作。吴亚东等(2000)采用基于视角的区域裁剪计算方法,将观察四棱锥简化为圆锥模型,这种方法可以有效避免误判,从而减少地形实时绘制时的计算量。赵友兵等人放弃了对视景体裁剪的严格判断,没有考虑视景体六个面中的三个,即近裁剪平面和上下裁剪平面。在计算时,将视景体投影到 XY 面上,根据投影三角形对数据块进行可见性测试,减少了计算量,提高了三角形的绘制效率(赵友兵 等,2002;马照亭 等,2004)。为了加快裁减的处理速度,本书以数据块为单位进行裁减。相对于动态地对 LOD 模型中的每个三角形进行裁剪,这种裁剪方法的粒度较粗,但裁剪效率较高。在进行裁剪计算时,首先要计算视区范围,然后根据视区范围对数据块进行裁剪(汤晓安 等,2002)。

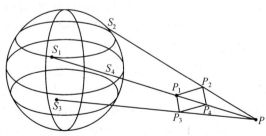

图 6.11　视区范围计算示意图

如图 6.11 所示,设 P_1、P_2、P_3、P_4 是投影面的边界顶点,S_1、S_2、S_3、S_4 分别是视线 PP_1、PP_2、PP_3、PP_4 与球面的交点,设球心为 O,欧氏空间的坐标原点为 C,球半径为 R,以 $(x_{S_1}, y_{S_1}, z_{S_1})$ 表示在 S_1 欧氏空间的坐标,首先考虑 O 与 C 重合,则点 S_1 满足式(6.8)

$$\left. \begin{array}{l} x_{S_1}^2 + y_{S_1}^2 + z_{S_1}^2 = R^2 \\ \dfrac{x_{S_1} - x_P}{x_{P_1} - x_P} = \dfrac{y_{S_1} - y_P}{y_{P_1} - y_P} = \dfrac{z_{S_1} - z_P}{z_{P_1} - z_P} \end{array} \right\} \qquad (6.8)$$

解式(6.8)方程组,可得到 S_1 的两组解,应选取其中距离 P 较近的一组解。

顾及投影的一般性,当 O 与 C 分离时,有

$$\boldsymbol{S}_1 = \boldsymbol{O} + \boldsymbol{OS}_1 \qquad (6.9)$$

同理可以得到 $\boldsymbol{S}_2$、$\boldsymbol{S}_3$、$\boldsymbol{S}_4$。即得到以 S_1、S_2、S_3、S_4 为顶点,以 R 为半径的球面区域范围,而该范围即为需要提取的模型数据显示范围。

判断某一数据块是否在视区显示范围内的过程,可以简化为对该数据块四个角点的判断。当这四个角点均不在视区内时,则表示此数据块不可见;当有任意一个角点处于视景体内时,则表示此块可见。类似地可以进一步来检查子数据块的可见性状态。这样,问题就可以转化为某一点是否在视区内的判断,复杂度大大降低。另外,判断时应首先考虑当某一块的四个角点都不在视区内部但视点在此分块的特殊情况,相对于动态地生成 LOD 模型中的每个三角形进行裁减来说,这种方法粒度较粗,虽然有些在视区外的三角形也参与了绘制,但是裁减效率较高。并且大量未经裁减的三角形可以依靠 GPU 对对象强大的吞吐量来绘制完成。

6.3.3　数据动态调用

在进行海量地形数据的可视化时,由于计算机内存的限制,将所处理的地形数据全部调入内存进行数据的处理及显示,已不再适用。为此,必须采取合适的数据组织和调度策略。为了方便数据在内存与外存之间的交换和处理,一般是通过合适的数据组织策略,使得数据在物理存储时尽可能地满足处理算法的要求,并采用适当的空间充填曲线来组织数据以提高数据存取和查找的效率。

在数据组织方面,Pajarola(1998)对地形数据进行分块,并存储在数据库中,其支持 2D 查询操作。Lindstrom 和 Pascucci(2001)用嵌入式四叉树的形式存放地形数据,将多分辨率数据线性化成队列,并采用内存文件映射机制,使得数据在外存存取方便,缺点是该机制仅考虑了三角层次的线性化,存储开销大,且难以进行数据的空间位置和存储位置之间的转换,并且使空间位置邻近的数据在存储时变得分散,给与地形相关的某些操作带来了困难。Pascucci 等(2001)采用 Z 型空间填充曲线来组织和索引规则格网数据,通过对线性格网数据合适的组织,逐渐构建输出的数据片断,减少了输入输出次数。与嵌入式交错四叉树有些类似,但它不采

用树结构,完全消除了无用结点,并易于空间位置和物理存储索引之间的转换。但其依然存在这样的问题,即空间邻近的数据在物理存储位置并不一定邻近,同样这给某些操作带来了困难(Pascucci et al,2001)。Bao Xiaohong 等(2002)在层次四叉树数据结构的基础上,提出了一种新的数据聚集算法和数据结构,将 LOD 数据映射到外存上,使得数据的动态装入高效,且减少了分页误差的次数(Bao Xiaohong et al,2002)。此外部分学者(Cox et al,1997;Hoppe,1998;Balmelli et al,1999;Reddy et al,1999;Crauser,2001;Levenberg,2002)也分别对多分辨率数据的分块存储、页面调度、索引机制等进行了研究。但这些方案都是基于具体的数据结构,针对具体的算法而设计的,其适用范围有限。

由于本书建立的全球 DEM 结构类似于规则格网,而规则格网具有简明结构,其很容易将 DEM 数据按行列存储在一起,这样事实上已经对 DEM 数据进行了很好的组织。因此可视化时,只需将 DEM 数据块整块数据读入内存,而无需使用其他任何结构进行管理,直接对读入的数据块进行动态 LOD 层次生成。

目前,在大数据量可视化时,广泛采用的一种数据组织策略是基于数据分块的动态装载技术。该方法在海量的地形数据分块组织的基础上,在模型简化、显示时,由应用程序根据需要对相关的数据块分别进行装载、处理、卸载,以此来降低内存负担,优化系统效率。

整个地球在显示时,随着视线平行移动(视点与目标点之间的距离变化不大时),观察范围会不断变化,这时系统应该根据这种变化,动态地更新内存中的数据块,将空闲的数据块换出内存,而将待处理的数据块换入内存;随着视点向地球的接近,看到地面的物体越来越详细,视野范围逐渐缩小,这时,系统应根据改变后的视野范围和视线的高度调用更高分辨率的数据层,这时要将全部高层的数据块换出内存,而换入位于更高分辨率数据层的数据块。许多文献对这种动态的数据装载策略进行了研究(孙红梅 等,2000;郭建忠 等,2002;孙敏 等,2002;汤晓安 等,2002;张立强 等,2003;钟正 等,2003)。

笔者采用如下原则和方法解决数据装载问题。

我们首先确定系统需要提取模型的数据层,数据的分层是根据三角格网的大小进行的,即不同的格网分辨率对应不同的数据层(见第 5 章)。数据显示时,根据显示的范围大小自动调用不同层次的数据。显示范围越大,屏幕像素对应的格网间隔越大,则需要调用的数据分辨率越低;显示范围越小,屏幕像素对应的格网间隔越小,则需要调用的数据分辨率越高。在此,我们通过计算格网的大小来确定地形可视化时需要调用的数据层。

屏幕分辨率通常是一个常量。随着视点和视角的变化,投影面上相邻像素对应的地形格网的大小会发生变化。其投影关系如图 6.12 所示。

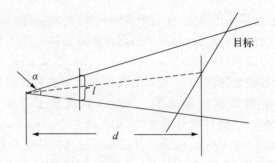

图 6.12　地形显示时的投影关系

设投影面单位长度像素数为 λ,视点到目标面中心的距离为 d,视角为 α,投影面边长为 l,则相邻像素对应的目标面的距离为

$$D = \frac{2d\tan\dfrac{\alpha}{2}}{l\lambda} \tag{6.10}$$

随着视点及视角的变化,屏幕上单位像素对应的目标面的平均距离在不断变化,系统根据该值确定所需格网的大小,并以此调用位于不同细节数据层的数据块。

对于同一数据层的数据块而言,为了加快系统显示的速度,每次只调用视景体内的数据,而不关心视景体外的数据。调用的数据块范围可以基于同样的投影原理计算出来(汤晓安 等,2002)。

在动态调用数据块时,需要通过索引文件完成数据块的索引。从数据库中调用当前数据块的算法如下:

(1)系统初始化时,将索引文件读入内存。

(2)根据视点和视角的变化,计算所需的格网分辨率,以此来确定显示数据需要调用的当前数据层。

(3)在索引文件中定位到当前层,比较上述计算的显示范围与每一数据块的边界范围值,查找出被选中的数据块。

但是,在动态渲染过程中,随着视点的移动,需要不断更新数据页中的数据块。如图 6.13 所示,先将最近使用的数据块装入内存,随着视线的移动,重新计算视域范围,当需要装入新的数据块时,删除距离屏幕中心最远的数据块。而从硬盘中读入新的数据会耗用一定的时间,会带来视觉上的"延迟"现象。为了解决这个关键问题,可以建立前后台两个数据页缓冲区,前台缓冲区直接服务于三维显示,后台缓冲区则对应于数据库,并通过多线程技术实现两个缓冲区之间数据内容的交换。

不同层次数据切换时,应该保证数据在空间和时间上的连续性,也就是说,不同层次数据的连接应是连续、没有缝隙的,随着视点的移近,不同细节层次之间的变化不应引起视觉上的跳变。同样,不同数据块也应该在空间上保持连续,即块与块之间不应该出现裂缝。要想两个层次转换时做到非常平滑的过渡,就需要处理好调用的数据层次跟视线高度和视角的关系,这是实现虚拟地形漫游至关重要的问题,需要在编程时根据经验解决。

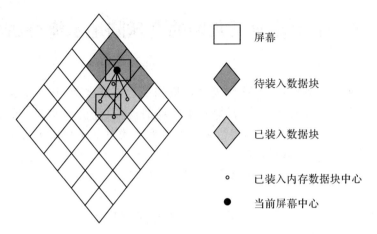

屏幕

待装入数据块

已装入数据块

◦ 已装入内存数据块中心

● 当前屏幕中心

图 6.13 数据块的动态调用

6.4 本章小结

本章首先讨论了地形模型简化的方法和定义,并对一些典型的规则格网地形简化算法进行了分析,提出了在四叉树菱形分层分块上,建立了连续 LOD 模型来实现全球 DEM 数据三维显示的策略。然后在对基于视距和地形粗糙度的模型简化准则和模型的平滑过渡等技术研究的基础上,提出了基于椭球面三角网的连续LOD 模型生成算法。最后研究了三角网的快速构建、基于菱形块的视域裁剪和基于视点和屏幕分辨率的数据动态调用策略,提高了地形绘制的速度。

第7章　基于球面三角网的全球陆地水淹分析模型

基于球面三角格网的 DEM 能逼真地模拟表达地球表面,其一个典型应用就是能够辅助人们进行全球性、大区域宏观问题的模拟、分析和处理。全球气候变暖,造成冰川融化,海平面上升,将给世界经济和人类社会造成很大灾害。本章以球面三角格网 DEM 为基础,基于海平面上升,对给定水位条件下的洪水淹没情况进行分析,并结合相应的计算机算法,对关键性问题作了探讨。

7.1　水淹模型基本概念

洪水淹没通常可以分为两大类:无源淹没和有源淹没。所谓无源淹没,就是根据水位值和高程值比较,所有高程值低于水位值的区域,均被认为是可以淹没的。这种计算比较简单,但是没有考虑地表径流的流向,只能起到计算预警区域的作用,达不到模拟洪水淹没过程的效果。有源淹没则是在无源淹没的基础上,考虑地形的影响,计算地表径流汇入所造成的淹没情况。有源淹没通常指定一个或多个淹没源点,根据水位值从淹没源点开始向四周搜索连通的洼地,并且根据水流的速度确定各个时间段的淹没范围,模拟出四维空间(包括时间维)的洪水淹没情况。

由于本书所讨论的是全球陆地的水淹分析,即只考虑水平面上升后,陆地和岛屿淹没的情况,本书所说的陆地水淹分析模型就是一种有源淹没。本章主要讨论的是基于全球三角格网的陆地水淹分析方法及其基本算法。

7.2　基于三角格网陆地水淹模型基本思路

有源淹没的淹没点具有这样的特性:高程值低于当前水位值,并且有低于当前水位值的路径连接到淹没源点。如前所述,QTM 格网模型在计算中表示为一棵四叉树,四叉树中的每一个元素表示一个球面三角形格网单元。每一个格网单元有三个边相邻的三角形格网和九个角邻近三角形格网,本书只讨论边邻近的三角形格网的连通性。这样,三角形单元格网的邻近结构就可以构成一个三连通区域,每个三角形格网单元都有三个邻近的三角形(除去以初始正八面体的顶点为定点的三角形单元),如图 7.1 所示。

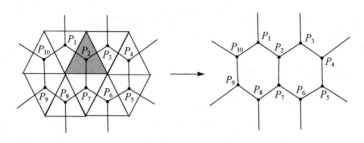

图 7.1　球面三角形单元格网三联通性

假如格网单元 P 被淹没,就搜索和 P 连通的格网单元,判断其是否被淹没,然后依次类推。假设给定水位为 W,淹没点为 P_i,三角形格网高程为 H,则满足条件：$H(P_i) \leqslant W$ 的三角形格网单元为可淹没三角形单元格网。然后再根据可没淹没三角形 P_i,搜索其相邻三角格网,依次类推,直到所有相邻三角格网都为不可淹没三角格网,或者超出搜索区域为止。所有可淹没栅格组成的连通区域,即为水淹没的区域。

7.3　陆地的提取与分层细化

在 QTM 格网全球地形建模的同时,QTM 格网单元不管是在陆地还是海洋上都位于同一个剖分层次上,而我们关心的只是陆地的部分,这样就造成了海洋数据的冗余,同时全球海洋和陆地在同一个层次上,即海洋和陆地没有分层,这样就给单独对陆地和海洋进行空间分析和操作时造成了不便。本节为了解决此问题,提出了海洋和陆地分层的思想,即对陆地进行提取,并对提取后的陆地进行细化和剖分。

7.3.1　陆地提取的方法与步骤

对于全球地形模型,可以根据高程值很容易地分辨出哪些格网单元是陆地(高程不为 $-9\,999$ m 的区域),哪些格网单元是海洋(高程为 $-9\,999$ m 的区域)。但是当剖分层次较低时,有些格网单元可能会一部分属于海洋而另一部分属于陆地,那么这时如何判别该格网单元是陆地还是海洋呢? 下面给出整个陆地提取与细化的方法和步骤。

(1)建立低剖分层次的地形模型。

(2)根据高程值和陆地边缘提取算法初步找出为陆地的格网单元。

(3)根据陆地格网单元初步建立陆地图层。

(4)单独对陆地图层进行剖分。

(5)对剖分后的陆地图层重新建立陆地地形模型。

(6)根据陆地边界提取规则,选择出非陆地格网单元。

(7)对非陆地单元进行剔除,重新建立陆地图层。

7.3.2 陆地边缘提取与细化

基于低层次剖分 QTM 格网的高程建模,由于分辨率太低,可能造成一个三角形格网单元的三个点会分别在陆地和海洋上。如图 7.2 所示,图中虚线部分为海陆边界线,虽然此三角形格网单元的高程值为 10,但其顶点 A 和 C 都在海洋上,而只有顶点 B 在陆地上,从图上也可以看出三角形中心也在陆地上。

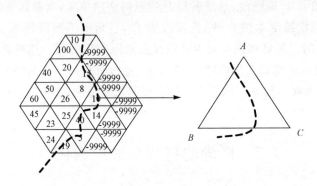

图 7.2 格网单元横跨海洋和陆地

那么这时如何判断该三角形格网单元是海洋还是陆地呢?如果把该三角行格网分为海洋,那么三角形单元 ABC 中属于陆地部分就会被切掉;如果认为是陆地,那么又会多出一部分是海洋。这样就会使提取出来的陆地边缘不够准确。那么我们规定在低层次的地形模型上提取陆地时,如果一个格网单元的三个点中只要有一个为陆地,那么我们就认为该格网单元为陆地。

如果再对其进行剖分,把该三角行单元再剖分成四个三角形,就可以明确地判断出图 7.3(b)中三角形 b 为陆地,三角形 d 为海洋,而 a 和 c 仍为横跨海洋和陆地的单元。这样就需要对 a 和 c 做进一步的细化剖分,然后再明确地分离出海洋和陆地,如图 7.3 所示。

如图 7.3(d)所示,当 QTM 格网剖分达到一定的层次时,就会更精确地描绘出陆地边界线,这也即是陆地边界的提取算法。

但是无论怎样剖分细化,总会存在同时包含陆地和海洋区域的边界格网单元。当剖分层次较高时,可以根据图 7.4 所示方法判断该格网单元是否为陆地。这样可以提高提取陆地边界的精确性。

如图 7.4 所示,点 B 根据高程只可以判别为陆地,而 A、C 用高程值可以判断出为海洋。现在假定格网单元 P 是已经经过九层剖分的格网单元,则现在要判断格网单元 P 是为陆地还是海洋,就需要计算其中心点坐标的经纬度,然后再按提取高程的方法计算该中心点的高程值。如果中心点为海洋就认为该单元格为海洋,否则为陆地。

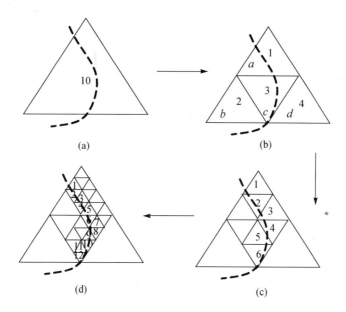

图 7.3　陆地边缘的格网单元细化

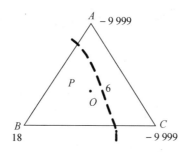

图 7.4　高层次剖分的单元格网的陆地判别

7.3.3　陆地的分层与细化剖分

为了便于对陆地进行空间分析和减少数据冗余,本书提出了陆地分层的概念。所谓陆地分层就是先把陆地从全球离散格网中分出来,形成一个单独的陆地层,然后再根据需要对陆地进行单独剖分。这样做的目的是使一些不需要的或不被关注的区域处于低层次剖分状态,而只对我们关注的区域进行细化和分析。

陆地的分层方法就是根据球面三角形格网单元的高程值选择出所有的陆地单元格网,然后根据选择的陆地单元格网初步建立大陆图层。建立了初步的大陆图层后就可以对大陆进行单独的剖分,然后重新加载高程数据,最后根据格网单元高程值,剔除属于海洋的单元格网,重新建立一个新的更高层次剖分的大陆图层。这样反复几次直到满足实际需求为止。下面就给出大陆分层及细化的流程图,如图 7.5 所示。

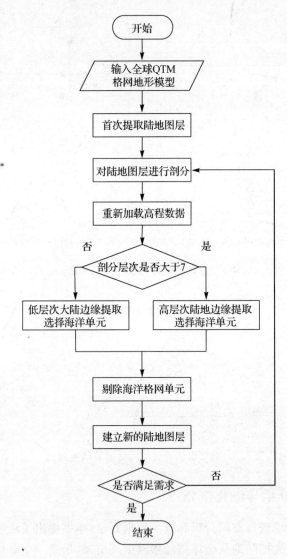

图 7.5　陆地分层与细化流程图

　　在陆地细化剖分后,就会增加一些新的格网点,而这些格网点是没有高程数据的,需要重新建立高程模型。重新建立好陆地模型后,可能会有海洋单元格网,在重建陆地图层时,要把这些海洋格网单元从陆地图层中剔除出去,使大陆边缘更清楚更精确。如图 7.6 所示,图 7.6(a)为五层剖分时的陆地高程模型,图 7.6(b)为六层剖分时的陆地高程模型,图 7.6(c)和图 7.6(d)为八层剖分时的陆地高程模型。从图中可以看出随着剖分层次的增加,陆地的边缘也更加细化,更加精确。

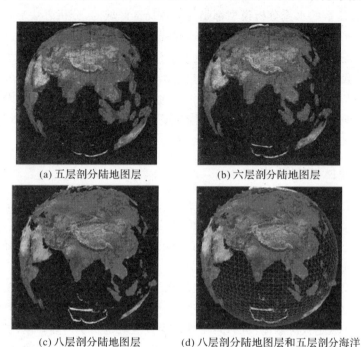

(a) 五层剖分陆地图层　　　　　　(b) 六层剖分陆地图层

(c) 八层剖分陆地图层　　　　(d) 八层剖分陆地图层和五层剖分海洋

图 7.6　陆地分层与边缘细化

　　图 7.6(d)为五层剖分的海洋和八层陆地剖分的全球高程模型。从图 7.6 可以看出,陆地和海洋的分层,使得我们的分析目标更加明确,减少了数据量,同时使海洋和陆地形成鲜明对比,有很好的视觉效果。八层陆地高程模型局部放大图,如图 7.7 所示。

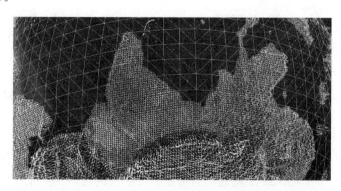

图 7.7　八层陆地高程模型局部放大图

7.4　全球三角格网陆地水淹模型算法

目前,大多数的水淹分析模型都是建立在局部区域的,分析方法都是通过规则格网或者 TIN 三角网进行分析的。而这些局部水淹分析模型的算法只是运用在局部区域,对于全球的地形数据来说,这些算法并不一定就能取得好的效果。通过本书前面的章节可以知道,目前讨论的是海水上升对陆地淹没的分析,我们能够比较容易地将陆地和海洋区分成不同的数据层,这样我们就可以很方便地单独对陆地水淹分析模型进行研究。而陆地 DEM 模型我们采用的是球面三角形规则格网,下面就给出基于球面三角格网的全球陆地水淹分析模型的几种算法。

7.4.1　连通区域判断法

对于整个陆地块来说,假如海平面上升了 3 m,那么在所有的陆地格网单元中低于这个高程值的地区就有可能被淹没,但是地球上有些地方的海拔高度是低于海平面的,而且这些地方周围区域的高程值又高于海平面,那么这个区域是不能被淹没的。本小节用连通区域判断法进行水淹分析。

连通区域判断法的基本思想就是先把低于海平面的所有区域都认为是被海水淹没的,然后对每个被淹没的区域做连通性分析,如果该区域是与海洋连通的,那么就认为该区域是被海水淹没的;否则就认为该区域是属于内陆,不会被海水淹没的区域。对于球面区域的连通性分析则可采用文献(侯妙乐 等,2010)提出的基于四元组模型的球面栅格拓扑关系计算方法进行计算。

如图 7.8 所示,如果把海洋作为一个单独的区域,就可以把每个选出的可能被淹没的格网区域 P_i 和海洋区域进行四元组计算,根据计算结果直接判断当前区域 P_i 是否为被淹没的区域,如果计算结果为 2、3、4、5,那么就认为当前区域为淹没区;如果计算结果为 1,那么就需要进一步判断 A 和 B 是相离还是相接。如果是相接,那么就认为是淹没区;如果是相离,则认为是非淹没区。而相离和相接可以根据两块区域是否有共同的节点进行判断,如果有共同的节点,则认为是相接,如果没有公用的节点则认为是相离。

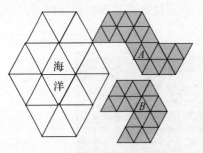

图 7.8　区域的相离和相接关系

从图 7.8 可以看出区域 A 和海洋有一个公用的节点,而区域 B 则和海洋区域相离。如果区域 A 和区域 B 同时都为可能淹没的区域,那么就可以判断出区域 A 为淹没区域,而区域 B 为非淹没区。

7.4.2 水淹种子蔓延算法

对于每个球面三角格网与其邻近的三角格网,如果一个格网单元为淹没单元,那么它的邻近格网也可能是被淹没的格网单元;如果邻近格网被淹没,那么就对该格网进行三邻近搜索,看其三邻近的格网单元中是否有被淹没的单元格网;如果有则再对其进行三邻近搜索,这样再判断其被淹没性。如此反复,直到所有的区域搜索完毕。

水淹种子蔓延算法的基本思想就是寻找一个被淹没的格网单元作为淹没种子,然后根据此种子进行三邻近搜索,如果它的邻近格网单元也被淹没,那么就以此格网单元作为种子,再进行邻近搜索,如此反复,直到和该种子连通的被淹没的格网单元搜索完毕。这样再寻找下一个种子进行蔓延计算,慢慢向外扩散,直到所有的淹没区域都选择出来。种子蔓延计算过程如图 7.9 所示,其中高程值小于 4 的格网被淹没。

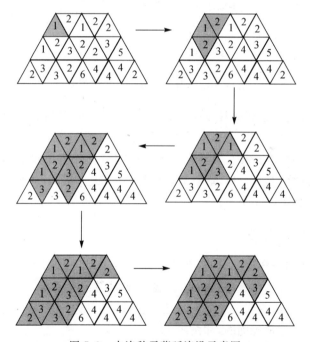

图 7.9 水淹种子蔓延淹没示意图

其实种子蔓延算法也就是一种递归算法。假设搜索函数为 SearchFlood(),则在函数 SearchFlood()内部,又直接调用了该函数的本身,这正是递归思想的运用。上述种子算法,以最简单、最直观的代码实现了淹没分析的计算过程。把淹没源点的下标以及淹没水位作为输入参数调用 SearchFlood()函数,函数最终返回以后,被标记为可以淹没的单元格网即为连通的淹没区域。种子蔓延算法可以用图 7.10所示的流程图表示。

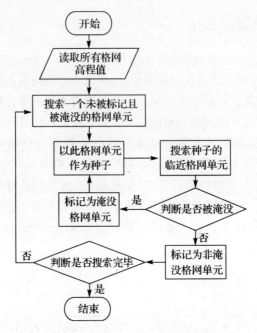

图 7.10 水淹种子蔓延算法流程图

用递归算法进行运算通常显得很简洁,但是在递归调用的过程中系统为每一层的返回点、局部变量等开辟了堆栈来存储,递归次数过多容易造成堆栈溢出和内存分配不足。因此,上述算法只适合在小范围或者分辨率比较小的陆地单元格网的条件下进行计算,对于全球范围、分辨率较高的陆地格网计算需要对该算法进行优化(优化算法见 7.5.1 小节)。

7.4.3 边缘淹没算法

由于陆地层和海洋层的分离,现在把陆地层作为一个单独的图层进行分析。如果海平面上升,海水要蔓延到陆地上,必然是从陆地的边缘开始的,也就是说海水必然是从大陆边缘一层一层向内陆地区扩散,这里假定所有的大陆边缘都是可以被淹没的,而且它是规则的,如图 7.11 所示。

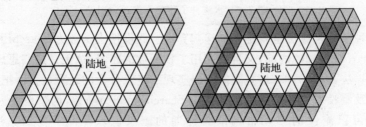

图 7.11 陆地边缘淹没示意图

图 7.11 表示一块陆地区域,这里假定大陆边缘都可以被淹没,其中浅灰色为第一层淹没的边缘,深灰色为第二层淹没的边缘。如果这样层层往里就可以把所有的淹没区域选择出来。

但实际的大陆边缘并不是如此规则的,如图 7.12(a)所示,那么根据什么判断大陆边缘的三角形格网单元区域呢?我们在第 3 章讨论了球面三角形格网单元的邻域搜索原理,由此可以得知,在陆地格网单元中,如果一个单元格网的边邻域数小于 3,那么我们就可以判断它是和海洋邻近的。因此可以规定陆地的边缘是由所有在陆地格网单元集合中,其边邻域数小于 3 的格网单元组成,如图 7.12(b)所示。

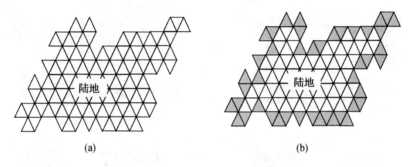

图 7.12　陆地边缘示意图

图 7.12(a)为不规则形状的大陆,图 7.12(b)为根据大陆区域单元格网的边邻域数判断出来的大陆边缘,其实这样得到的大陆边缘是一个十二邻近的连通区域。

边缘淹没算法的基本思想就是根据单元格网的边邻域数提取出陆地的边缘,然后从陆地边缘中选取被淹没的格网,再对淹没的格网进行标记,最后再从没有标记过的格网中进行陆地边缘的提取。如此反复直到最后选择出的陆地边缘中再没有可被淹没的格网单元为止。边缘淹没的过程如图 7.13 所示。

图 7.13 中灰色表示陆地边缘单元格网,黑色表示淹没格网单元。格网中的数字为高程值,现在假设海平面上升了 4 m,即格网单元高程小于 4 的将被淹没。如图 7.13(a)所示,先选取陆地的边缘;图 7.13(b)根据选中的边缘格网集合选择高程小于等于 4 的被淹没;图 7.13(c)根据上次淹没的区域重新选择陆地边缘;图 7.13(d)在新的陆地边缘中选择高程小于等于 4 的格网单元被淹没;图 7.13(e)根据第二次淹没的区域重新选择陆地边缘;图 7.13(f)根据第三次提取的陆地边缘选择高程小于等于 4 的格网单元被淹没。从图 7.13 可以看出,如果进行第四次边缘提取,那么在提取的单元格网中已经没有可以被淹没的单元格网了,这样就可以退出搜索,就可以把陆地格网单元集合中所有满足条件的单元格网全部选中,即是要求的水淹区域。

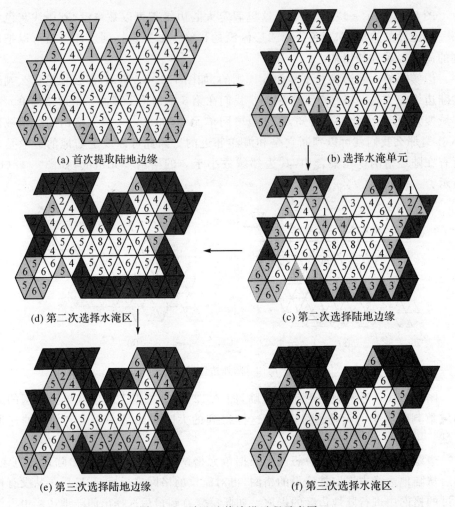

(a) 首次提取陆地边缘　　　　　　　　(b) 选择水淹单元

(d) 第二次选择水淹区　　　　　　　　(c) 第二次选择陆地边缘

(e) 第三次选择陆地边缘　　　　　　　(f) 第三次选择水淹区

图 7.13　陆地边缘淹没过程示意图

7.5　全球三角格网陆地水淹模型算法的优化与改进

　　由于全球 QTM 格网数据量庞大,因而在进行水淹分析时候的,速度较为缓慢。当数据量不大时,上面论述的三种算法可以适用,但当数据分辨率增加时,就需要循环遍历很多次才能完成水淹分析,这对一个很庞大的全球陆地的 QTM 格网数据来说是不可思议的,因此有必要对 7.4 节所提到的几种算法进行优化。

7.5.1　种子蔓延算法的优化

　　种子蔓延算法本质上是一种递归算法,它通常把一个大型复杂的问题层层转化为一个与原问题相似的规模较小的问题来求解,递归策略只需少量的程序就可描述出解题过程所需要的多次重复计算,比较简洁,可以大大减少程序的代码量。

但是在递归调用过程中,系统为每一层的返回点、局部量等都开辟了堆栈来存储,递归次数过多容易造成堆栈溢出。因此,上述算法只适合在小范围或者稀疏球面格网的条件下进行计算,而对于大范围、密集格网的计算需要考虑优化的算法。对上面提出的递归函数进行分析,不难发现,进入递归函数后,程序只有两个分支,要么进入递归函数,要么函数直接返回。进入递归函数,势必导致递归深度加 1;函数返回,意味着递归深度减 1。而函数仅在两种情况下返回:①遇到不可淹没的球面三角形格网;②到达搜索边界。那么,如果在指定淹没源点后,先限定一个范围进行搜索,对搜索到的边界上的不可淹没栅格做一个标记,限定范围搜索完毕,再以标记的不可淹没栅格作为新一轮的淹没源点,按照扩大的范围进行搜索,依此类推,就可以完成大范围的栅格数据分析。所以,从限制步长的角度来限制递归次数,从而达到有效控制递归深度的目的。改进后的种子淹没算法,主要贡献在于限制了递归的深度,当递归深度达到规定的步长后就标记最后一个单元格网为未被淹没的格网,然后再以它为种子点进行递归。

现在假设高程小于 10 m 的单元格网被淹没,并限制递归深度最多为四层。图 7.14(a)为未改进的种子淹没算法,递归的深度为八层;图 7.14(b)和图 7.14(c)为改进后的算法,选择淹没源点后进行邻近递归搜索,并且邻近格网都被淹没,当递归层次达到四层后,就返回停止递归,并记录最后一个单元格网(图中灰色的格网),然后再以标记的格网(灰色格网)为淹没源点进行递归搜索。这样就减少了递归的深度,如果有大量的邻近格网被淹没时就不会造成内存堆栈的溢出,提高了分析效率。

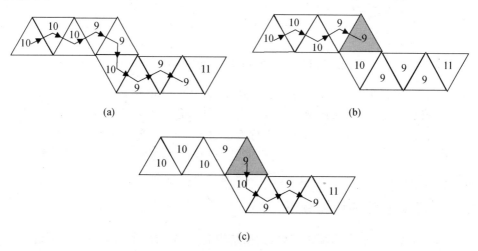

图 7.14　改进的水淹种子算法示意图

7.5.2　边缘淹没算法和连通区域判断算法的改进

在全球 QTM 格网的陆地图层中进行水淹分析,要对所有的格网进行搜索,然后判断其是否被淹没。而我们知道在陆地格网中有大部分的高程都不在淹没的范围之内,而进行淹没分析时仍然对其进行了不必要的计算,这样就降低了效率。如果预先估计淹没高程在 30 m 以内,那么所有的高程大于 30 m 的陆地单元格网将不参与计算,在进行水淹分析时只对预计在水淹范围内的格网进行计算,这样就提高了效率。我们把这些不在估计淹没范围之内的陆地单元格网称为绝对非淹没区,把可能淹没的区域称为可能淹没区。设有

$$Q=f(h) \quad (h>H) \tag{7.1}$$

式中,Q 表示绝对非淹没区,H 为假定的绝对非淹没区高程,h 为球面格网单元的高程。

在边缘淹没算法和连通区域判断算法中,这种设置绝对非淹没区的算法都是可行的。在边缘淹没算法中,要进行淹没分析,有必要事先规定绝对非淹没区,然后再在可能淹没区中进行边缘淹没计算,以提高算法的效率;对于连通区域算法也是如此,如图 7.15 所示。

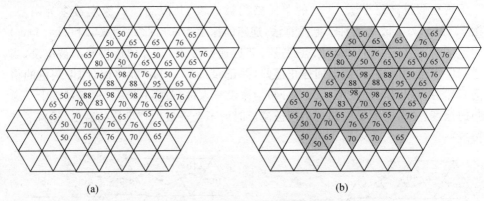

(a)　　　　　　　　　　(b)

图 7.15　绝对非淹没区的提取

图 7.15 中有 120 个单元格网,假定高程大于 50 m 的单元格网为绝对非淹没区,那么将有近 80 个单元格网为绝对非淹没区(灰色格网),在没有设置绝对非淹没区以前需要对每个单元格网都要进行淹没分析。而设置绝对非淹没区后,进行水淹分析时只要对可能淹没区(白色格网)的格网单元进行计算即可,这样计算的工作量就减少了近 2/3,这对全球数据来说是不可思议的。

7.5.3　几种算法的比较分析

区域连通算法特点是算法简单,数据结构简单,只要对所有的单元格网进行计算即可,改进后的算法适合全球水淹分析的计算。种子淹没算法,算法思路简单,

实现起来代码简单,但对计算机及系统的要求较高,优化后可对低分辨率的 QTM 格网进行水淹分析计算。而边缘淹没算法的实现方法复杂,要进行边缘提取,然后再对边缘进行水淹计算,计算量大,但容易理解,符合水淹实际情况,改进后的边缘淹没算法大大减少了计算量。下面为全球不同分辨率下的不同算法的水淹分析的计算时间。

表 7.1　水淹分析计算时间表

算法 层次	水淹种子 蔓延算法 /s	改进后 水淹种子 蔓延算法/s	连通区域 判断法/s	改进后 连通区域 判断法/s	边缘淹没 算法/s	改进后的 边缘淹没 算法/s
6 层	5	5	6	3	8	6
7 层	14	12	15	11	12	10
8 层	32	29	35	27	33	21

从表 7.1 中可以看出,改进后的三种算法在效率上均有不同程度的提高(水淹种子算法在低分辨率情况下除外),其中尤以改进后的边缘淹没算法效果最为明显。特别是随着分辨率的提高,该算法的效率提高显著,在高分辨率情况下,相比较其余两种算法所用时间也最短。

7.6　实验分析

水淹分析主要是根据不同的给定高程和不同的剖分层次进行水淹模型的试验,通过试验,验证本书所提到的算法的正确性及高效性。

7.6.1　陆地边缘提取

陆地边缘提取,主要是根据不同的陆地剖分层次,选择陆地边缘,陆地边缘选择的方法主要判断三角形格网单元的边邻域数。如果一个三角形格网的边邻域数小于 3,那么它肯定是属于陆地的边缘。

彩图 1(a)为七层陆地边缘提取(红色格网为陆地边缘)结果,彩图 1(b)为八层陆地边缘的提取结果。从图中可以看出,八层剖分的陆地边缘比七层陆地边缘更加精确,还可以看出在七层陆地边缘中球面三角形格网的顶点都是朝向陆地的,而八层陆地的边缘格网单元的顶点则是朝向海洋的。这是因为在陆地细化剖分时,七层及七层以下的陆地在边缘提取时,采用的方法是只要有一个顶点在陆地上的三角形格网就属于陆地,而八层陆地提取则是至少有两个顶点在陆地上的三角形格网单元才判定为陆地。从实验的结果可以看出上面提到的陆地边缘提取方法是正确的。

7.6.2 绝对非淹没区的提取

绝对非淹没区的设置主要为了加快水淹分析的速度和效率。其方法是事先根据海水上升不可能达到的高程提取出不可能淹没的三角形格网单元。这样在进行水淹分析时,这些绝对非淹没区的格网就可以不用参加计算,从而提高水淹分析的速度。

彩图 2 中红色部分为选择的绝对非淹没区,其中设置的绝对非淹没区的高程为200 m。从图中可以看出这些地区都位于陆地内陆地区,从海水上升蔓延的方面来说,这些地区是绝对非淹没的区域。这样如果要进行水淹分析的话,只要对可能淹没区(图中非红色区域的陆地)进行分析即可,从而减少了运算量,提高了效率。

7.6.3 水淹分析区域的确定

本实验选择了效率较高的带有绝对非淹区的边缘淹没算法进行水淹分析。给定不同的水淹高程值,会得到不同的水淹区。本次实验给出了不同高程值和不同层次的陆地水淹分析结果,并给出了相应的三角形单元格网的个数,如表 7.2 所示。

表 7.2

格网 \\ 层数	7 层	8 层	9 层
总的陆地单元格网数	40 146	148 837	577 331
被淹没单元格网个数	1 307	2 043	5 317

分析上面的图表可以看出,随着分辨率的增加水淹分析的效果会越来越好,精度也会愈加精确。彩图 3(a)为水淹高程为 10 m 的七层水淹分析,其中红色区域为淹没区域;彩图 3(b)为八层水淹分析,可以明显地看到陆地的边缘更加细化;彩图 3(c)和彩图 3(d)为九层水淹分析,可以看到随着淹没区域的范围扩大,边缘区域更趋于圆滑。由此可以看出,分辨率越高,被淹没的单元格网的个数就越多,而淹没区域的图形也就更加精确。

7.7 本章小结

本章首先讨论了水淹模型的基本概念,提出了基于球面三角格网进行全球陆地水淹分析的基本思路。然后提出了基于全球三角格网进行水淹区分析的三种算法:连通区域判别法、水淹种子蔓延算法和边缘淹没算法,并分析了三种算法的优缺点,提出了相应的改进算法。最后对改进后的算法作了分析比较,试验证明在高分辨率的 QTM 格网中进行水淹分析计算,改进后的算法的优势就凸显出来,其中以改进边缘淹没算法的效果最好,在高分辨率情况下进行水淹分析所用的时间也最短。

第8章 基于球面三角格网的地形可视化

为了验证本书前面章节所提出的方法和观点,作者运用面向对象方法,在Windows环境下用Visual C++ 6.0以及OpenGL图形软件包开发了一个实验系统。实验的主要内容有:数据格式的转换及预处理,基于线性四叉树的菱形数据块索引和动态调用算法,实时LOD模型生成算法。

8.1 实验系统设计

8.1.1 开发工具及数据库的选取

目前,可用于开发三维真实感图形系统、虚拟现实系统和视景仿真系统的工具很多,较常用的有VRML、DirectX和OpenGL等图形开发语言或图形接口库。在本实验系统的开发中,我们选用OpenGL作为图形系统开发工具。

OpenGL即开放性图形库(open graphic library),是由SGI公司开发的可独立于操作系统和硬件环境的三维图形库。自1992年发布以来,由于其在三维真实感图形制作中所具有的强大图形功能和跨平台的能力,已成为事实上的计算机图形标准,并被广泛应用于可视化、实体造型、动画制作、CAD/CAM、医学图像处理、虚拟现实与仿真等诸多领域。而随着微机硬件性能的不断提高,使得原来只能在工作站才能实现的图形功能已经移植到微机平台上。在Microsoft和SGI公司的共同合作下,推出了OpenGL的Windows版本。这样,在Microsoft的Visual C++集成开发环境中,用户可以利用OpenGL图形库,十分方便地在微机上实现三维图形的生成与显示。

另外,无论是基于椭球面还是基于球面,对全球DEM数据的组织来说,是完全相同的;在可视化时,采用标准的圆球替代椭球对显示效果也几乎没什么影响(人们无法用肉眼区别出它们之间的差异),而在数据处理时则要简单得多,出于这方面的考虑,本书的实验系统是在标准的球面上进行的。

基于以上几个方面的原因,本章的实验系统采用了Visual C++ 6.0作为基础开发平台,选用OpenGL图形库作为三维图形开发工具,在微机单机环境下从底层进行开发。开发了一个基于球面三角格网的DEM可视化实验系统,该实验系统基于球面三角格网的高程建模,采用本书提出的分层分块的数据组织策略、实现了球面菱形数据块的邻近搜索及动态调度、基于视点的多分辨率模型的生成等算法。

本实验的主要硬件配置环境为：CPU 为奔腾 IV2.2G,512M 内存,GeoforceIV 显卡(128M 显存),80G 硬盘,屏幕分辨率为 800 像素×600 像素,16 位增强色。系统在 Windows2000 下调试运行成功,效果良好。

在数据库的选取上,为了达到 DEM 数据在数据库中的快速存取,有人提出将高程数据以大二进制对象存储在数据库中(王永君 等,2001;钟正 等,2003),即以一个字段中存储某一分块的地形数据。相对于文件存储方式来说,这种在关系型数据库中以 BLOB 字段存储地形数据的方式在数据的获取操作上,并没有实质的进步。相反,在数据的读取速度和块内数据的定位上还不如数据文件快速和灵活。基于上述情况,目前许多系统都是基于文件系统的管理方式实现较大数据量的地形数据动态调度和渐进描绘(陈刚 等,2001;孙敏 等,2002)。尽管基于文件管理的方式受到网络环境下的多用户并发操作的局限,但考虑到在数据文件生成后,可视化和空间分析阶段几乎不存在多用户同时修改一块数据,基于文件的存储方式完全可以满足地形可视化和空间分析的需要。因此,在本书中,经过地形分块、建立索引、存储等预处理的数据是以文件的形式存放的。

8.1.2 系统功能

本系统的主要设计目的是基于以前章节建立的全球 DEM,开发一个交互式全球地形可视化实验系统。为了实现数据以"流"的方式进行处理,我们将地形的表示与索引分开,在对地形四叉树分块的基础上,将数据逐块从外存调到内存进行处理显示。系统主要包括以下几个模块:数据预处理模块(data pre-processing)、数据管理模块(data management)、多分辨率地形生成模块(LOD)、绘制模块(rendering)及用户接口模块(user interface)。系统的体系结构如图 8.1 所示。

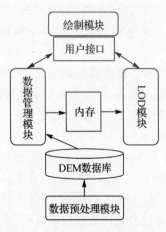

图 8.1 实验系统的总体框架

1.数据预处理模块

数据预处理模块用来对 DEM 数据进行离线预处理,包括对地形数据的格式转换、数据分割、索引建立及存储等操作,使数据能直接被系统使用。

本书使用的数据为基于 QTM 的数据格式,对于其他形式的数据,该模块将其转换成该数据格式供系统使用,这主要通过数据插值获得。目前,我们采用的全球地形数据是美国地质调查局提供的 GTOPO30 数据以及 STRM 的全球部分地区的 3″的数字高程数据。其数据的存储(写入)格式是纬度从北极到南极,经度为 0°～360°,

每隔一定经纬度各给出一个高程值。我们对其进行插值,并转换成 QTM 格网(即每个 QTM 格网点对应一个高程值)。在第 4 章,对于大规模的 DEM 数据,是通过基于菱形的四叉树组织索引的。因而在该模块中,我们根据用户定义的一定大小的菱形对全球 DEM 数据进行分割,分割的方式是基于四叉树完成的。位于不同层次的每个菱形数据块按照线性四叉树 Morton 编码进行标识索引。每一块的索引编码详见第 4 章。数据采用文件的方式存储,每个菱形数据块均用一个文件保存,其中每个高程值以一个二字节的整型数存放。整个全球 DEM 数据,采用层状方式金字塔进行描述,每层有多块地形数据文件,每个文件有自己的文件名、路径、编码及其他属性等。在该模块中定义了一系列的方法来完成数据的读取、写入、转换及分割等工作。

2.DEM 数据管理模块

在 DEM 数据管理模块中,一部分功能子模块称为数据索引模块,负责查找当前块的邻域数据块;另一部分功能子模块称为数据调度模块,负责将所需数据从外存调入内存。在动态渲染过程中,随着视点的移动,需要不断更新数据页中的数据块。而从硬盘中读入新的数据会耗用一定的时间,会带来视觉上的"延迟"现象。为了解决这个关键问题,建立前后台两个数据页缓冲区,并通过多线程技术实现两个缓冲区之间数据内容的交换。前台缓冲区直接服务于三维显示,后台缓冲区则对应于数据库。采用多线程技术解决数据页缓冲区的数据更新问题,通过判断当前视点位置与数据页几何中心之间的平面位置关系进行动态数据页的实时更新,从而实现了同一尺度下海量数据的实时任意方向漫游。如果在移动过程中视点高度发生变化,还要重新计算视场范围,如果视场范围与数据页的投影面积比值大于某一阈值,则需要更换到相应尺度的数据层进行整个数据页中的数据更新。

在该模块中我们还对数据的调度策略进行了分析,一般来说我们所分的每一个地块都比视景体大,这样根据观察者的视线方向,观察者的运动方向并考虑视景体的限制可知每次与视景体相交的地块数都不会超过 4,因此一个客户每次所需调入的地块数都不会超过 4,而客户端每次所绘制的地块数也不会超过 4。这种数据调度策略在大大减少数据调度量的同时减少绘制间隔,提高了帧速率。

3.多分辨模型的数据结构及生成

根据前面对数据调度策略的分析可知,在每次显示时所需绘制的地块数不超过 4,因此我们采用 4 棵四叉树表示内存中地形的多分辨率模型。其中每棵四叉树对应一块地形的多分辨率表达,该多分辨率表达由多分辨模型生成模块生成。这种模型结构完全支持数据的动态更新,比如当新的数据块调入时,它将替代内存中离视点最远的数据块。

4.绘制模块及用户接口模块

绘制模块是一个单独的线程,负责将地形显示在窗口中,在每一帧的开始,绘制模块都从用户接口模块中取得最新的视点参数,如视点位置、方向、视景体的范围等,然后通过调用 OpenGL 中的一系列内嵌功能进行绘制。

　　用户接口模块用来处理用户输入,该模块中含有所有的用户控制参数:视点位置、方向、视景体范围、地形颜色等。这些参数分别被绘制模块、多分辨率生成模块、数据调度模块所用。模块响应用户输入并实时进行参数更新。

8.1.3　系统界面

　　本实验系统是在 Windows 环境下开发的。系统在设计与开发实现过程中,充分发挥了 Windows 在人机交互界面、图形程序界面及动态数据交换等方面的强大优势,为用户提供了一个简单友好的人机交互操作环境。本系统的界面、菜单和工具条都比较简略,易于操作,如图 8.2 所示。

图 8.2　实验系统的主界面

8.2　实验结果与分析

　　转换后得到基于 QTM 的全球 DEM 数据共分成 4 层,最高分辨率的数据层包括 256 个菱形数据块文件,最低分辨率的数据层为 4 个菱形数据块文件,中间分辨率数据层分别有 64 和 16 个数据块文件。最高分辨率大约为 20″,最低分辨率大约为 2′40″,相邻数据层的数据分辨率相差一倍。此外,还包括 4 个分辨率为 5″ 的我国部分地区的数据块。全部数据集共 344 个数据块文件,每个数据文件对应一个包含 2 049×2 049 个高程点的数据集,其中的高程值以一个二字节的整型数存放,总数据量大约为 2.7G。基于 QTM 的全球 DEM 与经纬度格式(如 GTOPO30 数据)的数据相比较,同等精度下,其数据量大约减少了一半。式(8.1)说明了其数据量的变化。

$$Q/G = \frac{4n^2 - 4(2n-1)}{(2n-1) \times (n-1) \times 4} = \frac{(n-1)^2}{2n^2 - 3n + 1} \approx \frac{1}{2} \tag{8.1}$$

式中,Q、G 分别表示以 QTM 和经纬度格式表示的地形数据量。此外,由于其数据结构规则简明,非常容易进行无损压缩,数据存储量会更少。

8.2.1　全球地形漫游

在这里首先需要说明的是,由于地球表面的起伏相对于地球半径是很微小的,出于视觉效果考虑,本实验所有图中所示的高程数据放大了 100 倍。图 8.3 为全球地形三维漫游效果图,图形的绘制效果平均为每秒 12 帧,每帧绘制大约 10 万个三角形,每秒绘制大约 120 万个三角形。在不同块的边界处接缝效果良好,画面平滑流畅,没有抖动,效率较高。

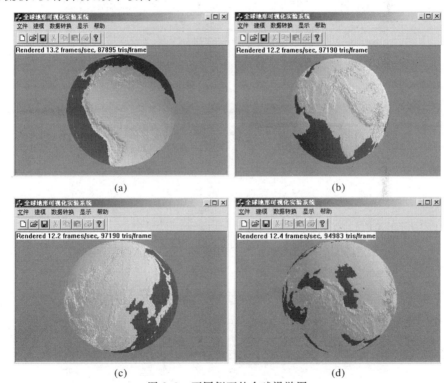

（a）　　　　　　　　　　　　　（b）

（c）　　　　　　　　　　　　　（d）

图 8.3　不同侧面的全球漫游图

8.2.2　模型简化及多分辨可视化

在显示全球范围地形表面高程时,我们仅用了最低分辨率的数据层,包括四个数据文件,简化前,需要绘制的三角面片数为 $2\,048 \times 2\,048 \times 2 \times 4 = 33\,554\,432$ 个,经过建立多分辨率模型简化后,系统绘制的数据量大大减少。表 8.1 给出了不同阈值下三角形的数目,其中 f 为误差阈值,N 为三角形面片数。图 8.4 为不同阈值下的全球地形可视化效果图,其中海洋地区没有显示。从图形的显示看,效果良好。实际上显示的三角形的数量随阈值 f 的增大而减小(如图 8.4(a)、图 8.4(b)和图 8.4(c)右边的三角形线框图),但是其可视化效果(如图 8.4(a)、图 8.4(b)和图 8.4(c)左边的阴影图)没有明显的变化。所以,在满足一定可视效果的情况下,可以通过选择合适的阈值 f,使用最简化模型来提高显示效率。

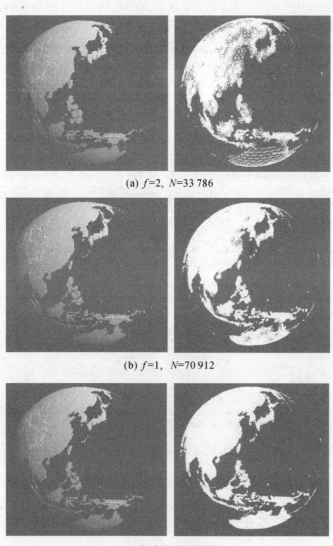

(a) $f=2$, $N=33\,786$

(b) $f=1$, $N=70\,912$

(c) $f=0.5$, $N=99\,529$

图 8.4   不同阈值下的全球地形可视化

表 8.1 不同阈值下三角形的数目

f	0	0.5	1	2
N	33 554 432	99 529	70 912	33 786
压缩后三角形数目占压缩前总三角形数目的比值/(‰)		2.97	2.11	1.01

8.2.3 不同数据层的数据切换

由于我们采用基于四叉树的分层分块的数据组织方式,这种基于菱形块的数据便于处理局部数据,易于进行局部数据的添加和更新。这点对于交互式的 GIS 系统非常重要,也使得在分布式环境下的数据存储更为容易。图 8.5 是全球范围的显示,图 8.6 是对某一局部数据块的调用,图 8.7 是地形细部显示效果。

图 8.5 全球 DEM 地形可视化

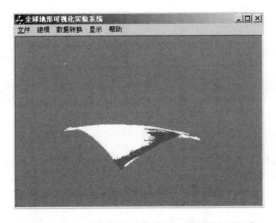

图 8.6 某一局部 DEM 数据块的调用及可视化

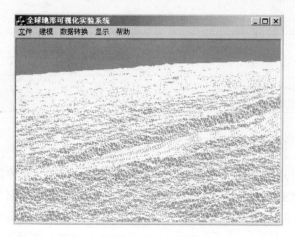

图 8.7　地形细部的三角形线框图

　　图 8.8 是当视点由远及近时,通过调用不同层的数据集,实现从全球到局部不同层次数据的显示过程。通过不同数据集的数据漫游,并在不同数据集之间能够快速切换。

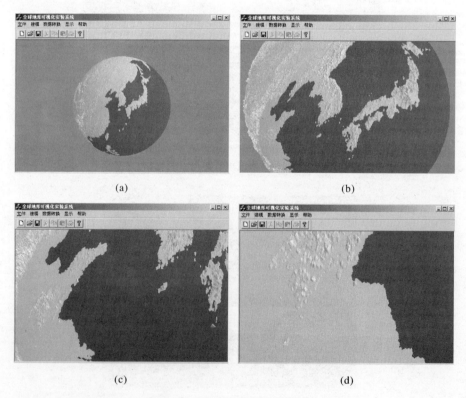

(a)　　　　　　　　　　　　　　　　　(b)

(c)　　　　　　　　　　　　　　　　　(d)

图 8.8　不同视点下从全球到局部不同层次数据的显示

在可视化时,随着视点移动,我们不断将要显示的数据块调入内存,而将远离视线的数据块换出内存,这样始终保持四个菱形数据块常驻内存,其数据量为 32MB。图 8.8(a)对全球范围进行了显示,其调用了全球最低分辨率数据层的四个菱形数据块,即图 8.9 中第一层的 A、B、C、D 四个菱形数据块;随着视线的拉近,我们用更高分辨率的数据层替换原来的数据层,在图 8.8(b)中调用了图 8.9 中第二层的 B_1、B_2、B_3、B_4 四个菱形数据块;同样,图 8.8(c)调用了 B_{12}、B_{14}、B_{21}、B_{23} 四个菱形数据块;图 8.8(d)调用了 B_{121}、B_{122}、B_{123}、B_{124} 四个菱形数据块。

图 8.8 中各个图形所调用数据块的结构关系如图 8.9 所示(其中下一层调用的数据块在上一层数据块中的位置用阴影标出)。

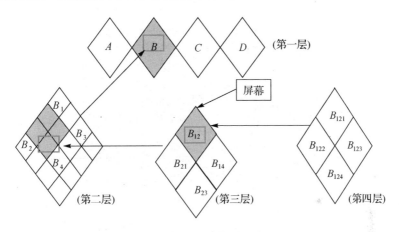

图 8.9　动态调用的数据块关系图

8.2.4　影像数据和 DEM 数据的融合显示

影像数据和 DEM 数据的套合能更逼真地表现影像内容。为此,进行了 DEM 数据和格网数据叠加的可视化表达实验。格网和 DEM 数据叠加表达的实现过程如下:

(1)根据格网的编码计算出格网顶点的经纬度坐标。

(2)根据顶点的坐标,采用双线性插值的方法从 GTOPO30 数据中获取该顶点的 DEM 高程数据,详细的实现过程可参见第 3 章。

(3)计算出格网三个顶点的大地坐标。

(4)根据格网的 RGB 值绘制格网。

由于地球表面的起伏相对于地球半径是非常微小的,出于视觉效果的考虑,在本实验中所示的高程数据均放大了 100 倍。图 8.10 是叠加 DEM 数据后的格网数据可视化表达的效果图。该实验说明了可以实现 DEM 数据和影像数据的无缝叠加。

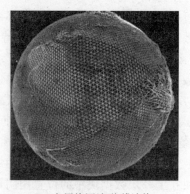

　　　(a) 六层格网地形(面渲染)　　　　　　　　(b) 六层格网地形(线渲染)

(c) 八层格网地形(面渲染)

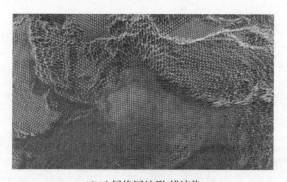

(d) 八层格网地形(线渲染)

图 8.10　叠加 DEM 后的影像数据表达

8.3　本章小结

　　本章主要运用面向对象方法,在 Windows 环境下用 Visual C++ 6.0 以及 OpenGL 图形软件包开发了一个基于球面三角格网的 DEM 可视化实验系统,对前面提出的相关理论和方法的合理性和可行性进行了实验验证,主要工作有:①对全球 30″ 及部分地区 3″ 的地形高程数据进行数据转换,得到基于 QTM 的全球 DEM 数据,并以菱形块为单位分层分块组织存储。与经纬度格式的 DEM 数据相比,基于 QTM 的 DEM 数据量仅为其数据量的一半。②实现了基于四叉树的菱形数据块的索引及动态调度,能够实现从全球低分辨率到局部高分辨率地形数据的快速替换,使得为数据库添加局部更高分辨率的数据以及进行数据更新和显示变得简单易行。③实现了多分辨率 LOD 模型生成,生成的多分辨率 LOD 模型能够动态适应地形起伏的变化,可根据阈值的大小,自动地调整地表数据的分辨率,并保持了较高的逼真度。

参考文献

[1] 白建军.2005.基于椭球面三角格网的数字高程建模[D].北京:中国矿业大学(北京).

[2] 贲进.2005.地球空间信息离散网格数据模型的理论与算法研究[D].郑州:中国人民解放军信息工程大学.

[3] 边少锋,柴洪洲,金际航.2005. 大地坐标系与大地基准[M]. 北京:国防工业出版社.

[4] 陈刚,万刚,游雄.2001.全球地形可视化方案的设计和实践[J].系统仿真学报,13(增刊):282-285.

[5] 陈军.2002.Voronoi 动态空间数据模型[M].北京:测绘出版社.

[6] 陈军,侯妙乐,赵学胜.2007.球面四元三角网的基本拓扑关系描述和计算[J].测绘学报,36(2):176-180.

[7] 陈俊勇.2005.对 STRM3 和 GTOPO30 地形数据质量的评估[J].武汉大学学报:信息科学版,30(11):941-944.

[8] 戴善荣.2005.数据压缩[M].西安:西安电子科技大学出版社.

[9] 高俊. 2004. 信息格网——全球化信息服务的新环境:"科学与中国"院士专家巡讲活动:第 32 期[R].桂林:桂林工学院.

[10] 龚健雅.1993.整体 SIS 的数据组织与处理方法[M].武汉:武汉测绘科技大学出版社.

[11] 关丽,程承旗,吕雪锋.2009.基于球面剖分格网的矢量数据组织模型研究[J].地理与地理信息科学,25(3):23-27.

[12] 郭建忠,安敏.1999.GIS 中多比例尺地理数据的管理和应用[J].解放军测绘学院学报,16(1):47-49.

[13] 郭建忠,欧阳,魏海平,等.2002.基于文件与基于数据库的格网索引[J].测绘学院学报,19(3):220-223.

[14] 郭一平.1993.遥感图像实时无失真压缩的研究[J].红外与毫米波学报,12(6):409-415.

[15] 韩阳,万刚,曹雪峰.2009.混合式全球网格划分方法及编码研究[J].测绘科学,34(2):136-138.

[16] 侯妙乐.2005.球面四元三角网的基本拓扑问题研究[D].北京:中国矿业大学(北京).

[17] 侯妙乐,赵学胜,陈军.2010.球面四元三角网的局部拓扑不变量计算及应用[J].武汉大学学报:信息科学版,35(12):1504-1507.

[18] 胡金星,马照亭,吴焕萍,等.2004.基于格网划分的海量地形数据三维可视化[J].计算机辅助设计与图形学学报,16(8):1164-1168.

[19] 胡鹏,吴艳兰,杨传勇,等.2001.大型 GIS 与数字地球的空间数学基础研究[J].武汉大学学报:信息科学版,26(4):296-299.

[20] 孔祥元,郭际明,刘宗泉.2001.大地测量学基础[M].武汉:武汉大学出版社.

[21] 李德仁,邵振峰,朱欣焰.2004.论空间信息多级格网及其典型应用[J].武汉大学学报:信息科学版,29(11):945-950.

[22] 李德仁,肖志峰,朱欣焰,等.2006.空间信息多级网格的划分方法及编码研究[J].测绘学

报,35(1):52-56.

[23] 李德仁,朱欣焰,龚健雅.2003.从数字地图到空间信息格网[J].武汉大学学报:信息科学版,28(6):642-650.

[24] 李捷.1998.三角网格模型的简化及多分辨率表示[D].北京:清华大学.

[25] 李志林,朱庆.2000.数字高程模型[M].武汉:武汉测绘科技大学出版社.

[26] 林宗坚.1999.关于构建数字地球基础框架的思考[J].测绘通报(4):2-3.

[27] 马照亭,潘懋,胡金星,等.2004.一种基于数据分块的海量地形快速漫游方法[J].北京大学学报:自然科学版,40(4):619-625.

[28] 明涛,庄大方,袁文,等.2007.几种离散格网模型的几何稳定性分析[J].地理与地理信息科学,9(4):40-44.

[29] 潘志庚,马小虎,石教英.1998.多细节层次模型自动生成技术综述[J].中国图象图形学报,3(9):754-759.

[30] 齐敏,郝重阳,佟明安.2000.三维地形生成及实时显示技术研究进展[J].中国图象图形学报,5(4):270-275.

[31] 齐清,张安定.1999.关于多比例尺 GIS 中数据库多重表达的几个问题的研究[J].地理研究,18(2):16-170.

[32] 芮小平,杨崇俊,张立强,等.2003.基于 DEM 的三维交互性地球实现方法研究[J].系统仿真学报,15(1):32-35.

[33] 施一民.2003.现代大地控制测量[M].北京:测绘出版社.

[34] 孙洪君,杜道生,李征航,2000.周勇前.关于地球形状的三维可视化研究[J].武汉测绘科技大学学报,25(2):158-162.

[35] 孙红梅,唐卫清,刘慎权.2000.一种支持实时地景仿真的数据调度策略[J].系统仿真学报,12(5):540-543.

[36] 孙敏,薛勇,马蔼乃.2002.基于格网划分的大数据集 DEM 三维可视化[J].计算机辅助设计与图形学学报,6(3):188-193.

[37] 孙文彬,赵学胜.2008.基于 QTM 格网的空间数据无缝层次建模[J].中国矿业大学学报,37(5):675-679.

[38] 孙文彬,赵学胜,高彦丽,等.2009.球面似均匀格网的剖分方法及特征分析[J].地理与地理信息科学,25(1):53-56.

[39] 汤晓安,陈敏,孙茂印.2002.一种基于视觉特征的地形模型数据提取与快速显示方法[J].测绘学报,31(3):266-269.

[40] 童晓冲.2011.空间信息剖分组织的全球离散格网理论与方法[J].测绘学报,40(4):326-332.

[41] 童晓冲,贲进,秦志远,等.2009,基于全球离散网格框架的局部网格划分[J].测绘学报,38(6):506-513.

[42] 王东华,吉建培,刘建军,等.2003.论国家 1:50 000 数字高程模型数据库建设[J].地理信息世界,1(2):12-20.

[43] 王东华,刘建军,商瑶玲,等.2001.全国 1:25 万数字高程模型数据库的设计与建库[J].

测绘通报(10):27-31.

[44]　王璐锦,唐泽圣.2000.基于分形维数的地表模型多分辨率动态绘制[J].软件学报,11(9):1181-1188.

[45]　王晏民,李德仁,龚健雅.2003.一种多比例尺GIS方案及其数据模型[J].武汉大学学报:信息科学版,28(4):458-462.

[46]　王永君,龚健雅.2001.一种基于COM的数字高程模型可视化管理模式[J].系统仿真学报,13(增刊):32-35.

[47]　王永明.2000.地形可视化[J].中国图象图形学报,5(6):450-456.

[48]　吴乐南.2003.数据压缩原理与应用[M].北京:电子工业出版社.

[49]　吴立新,余接情.2009.基于球体退化八叉树的全球三维网格与变形特征[J].地理与地理信息科学,25(1):1-4.

[50]　吴亚东,刘玉树.2000.地形实时绘制中的视区裁剪算法[J].计算机应用,20(增刊):24-26.

[51]　徐鸿,舒广.2001.一种大数据量实时交互式地形模型算法的研究[J].系统仿真学报,13(6):720-722.

[52]　徐青.2000.地形三维可视化技术[M].北京:测绘出版社.

[53]　殷小静,慕晓冬,徐义文,等.2011.海量地形数据的管理和交互策略优化[J].计算机应用,31(9):2465-2467.

[54]　袁文,马蔼乃,管晓静.2005.一种新的球面三角投影:等角比投影(EARP)[J].测绘学报,34(1):78-84.

[55]　张继贤,柳健.1997.地形生成技术与方法的研究[J].中国图象图形学报,2(9):638-645.

[56]　张立强.2004.构建三维数字地球的关键技术研究[D].北京:中国科学院遥感应用研究所.

[57]　张立强,杨崇俊,刘冬林,等.2003.面向数字地球的网络三维虚拟地形结构设计和交互技术研究[J].国土资源遥感(1):59-64.

[58]　张珊珊.2007.基于Oracle的海量DEM数据建库研究[J].地理空间信息,5(3):47-49.

[59]　张胜茂.2009.基于正八面体球面离散格网模型的全球遥感影像浏览系统研究[D].上海:华东师范大学.

[60]　张永生,贲进,童晓冲.2007.地球空间信息球面离散格网——理论、算法及应用[M].北京:科学出版社.

[61]　赵学胜.2002.基于QTM的球面Voronoi数据模型[D].北京:中国矿业大学(北京).

[62]　赵学胜,崔马军,李昂,等.2009.球面退化四叉树格网单元的邻近搜索算法[J].武汉大学学报:信息科学版,34(4):479-482.

[63]　赵学胜,侯妙乐,白建军.2007.全球离散格网的空间数据建模[M].北京:测绘出版社.

[64]　赵学胜,孙文彬,陈军.2005.基于的全球离散格网变形分布及收敛分析[J].中国矿业大学学报,34(4):438-442.

[65]　赵友兵,石教英,周骥,等.2002.一种大规模地形的快速漫游算法[J].计算机辅助设计与图形学学报,14(7):624-628.

[66] 钟正,朱庆. 2003. 一种基于海量数据库的 DEM 动态可视化方法[J]. 海洋测绘,23(2):9-19.

[67] 周成虎. 2004. 对地理网格系统的几点认识[R]. 福州:全国地图学与 GIS 学术会议.

[68] 周成虎,欧阳,马廷. 2009. 地理格网模型研究进展[J]. 地理科学进展,28(5):657-662.

[69] 周启明. 2001. 数字地球的参考模型[C]//李德仁. 从数字影像到数字地球. 武汉:武汉测绘科技大学出版社:88-95.

[70] ALBORZI H, SAMET H. 2000. Augmenting SAND with a spherical data model: paper presented at the First International Conference on Discrete Global Grids, March 26-28[C]. California:[s. n].

[71] BALMELLI L, KOVACEVIC J, VETTERLI M. 1999. Quadtrees for embedded surface visualization:constraints and efficient data structures:proceedings of IEEE International Conference on Image Processing[C]. New York:IEEE Computer Society.

[72] BAMLER R. 1999. The STRM mission: a world 2wide 30m resolution DEM from SAR interferometry in 11Days. Photogrammetric week 99[M]. Heidelberg:Wichmann Verlag.

[73] BAO Xiaohong, PAJAROLA R. 2002. LOD-based clustering techniques for optimizing large-scale terrain storage and visualization[S/OL][2009-10-11]. http://www.ics.uci.edu/~pajarola/pub/UCI-ICS-02-16.pdf.

[74] BARTHOLDI J,GOLDSMAN P. 2001. Continuous indexing of hierarchical subdivisions of the globe[J]. International Journal of Geographic Information Science,15(6):489-522.

[75] BAUMGARDNER J R, FREDERICKSON P O. 1985. Icosahedral discretization of the two-sphere[J]. SIAM Journal of Numerical Analysis,22(6):1107-1115.

[76] BJØRKE J T,GRYTTEN J K,MORTEN H,et al. 2004. Examination of a constant-area quadrilateral grid in representation of global digital elevation models[J]. International Journal of Geographic Information Science,18 (7):653-664.

[77] BJØRKE J T,JOHN K G. Morten H, et al. 2003. A global grid model based on "Constant Area" quadrilaterals[J]. ScanGIS,(3):239-250.

[78] BLOOM C. 2000. View independent progressive meshes[S/OL][2003-12-15]. http://www.cbloom.com/3d/techdocs/vipm.txt.

[79] BLOW J. 2000. Terrain rendering at high levels of detail:proceedings of the Game Developers Conference 2000[C]. San Jose,California,USA:SPIE:236-242.

[80] CHEN Jun,ZHAO Xuesheng, LI Zhilin. 2003. An algorithm for the generation of Voronoi diagrams on the sphere based on QTM[J]. Photogrammetric Engineering & Remote Sensing,69(1):79-89.

[81] CLARK J H. 1976. Hierarchical geometric models for visible surface algorithms[J]. Communication of the ACM,19(9):547-554.

[82] COHEN-OR D,CHRYSANTHOU Y, Silva C,et al. 2001. A survey of visibility for walkthrough applications[J/OL][2004-08-20]. http://www.cs.tau.ac.il/~dcor/online_papers/ papers/visibility-survey-ieee.pdf.

［83］　COHEN-OR D,LEVANONI Y. 1996. Temporal continuity of levels of detail in delaunay triangulated terrain: proceedings of the IEEE Visualization ［C］. New York: IEEE Computer Society.

［84］　COX M, ELLSWORTH D. 1997. A application-controlled demand paging for out-of-core visualization ［J/OL］［2003-01-26］. http: // www. nas. nasa. gov/Research/Reports/ Techreports/ 1997/PDF/NAS-97-010. pdf.

［85］　CRAUSER A. 2001. LEDA-SM: external memory algorithms and data structures in theory and practice［D］. Sotland: University of Scotland.

［86］　DAVID A, TODD D, ROSS P, et al. 2002. Climate modeling with spherical geodesic grids［J］. Computing in Science & Engineering, 4(5):32-41.

［87］　DAVID H. 2002. An efficient, hardware-accelerated, level-of detail rendering technique for large terrains［D］. Toronto: University of Toronto.

［88］　DUCHAINEAU M, WOLINSKY M, SIGETI D E, et al. 1997. ROAMing Terrain: real-time optimally adapting meshes: proceedings of the IEEE Visualization［C］. New York: IEEE Computer Society:81-88.

［89］　DUTTON G. 1984. Geodesic modeling of planetaray relief ［J］. Cartographica, 21(2): 188-207.

［90］　DUTTON G. 1989. Planetary modeling via hierarchical tessellation: proceedings Auto Carto 9［C］. Baltimore, Maryland, USA:ACSM:462-471.

［91］　DUTTON G. 1990. Locational properties of quaternary triangular meshes: proceedings of the Fourth International Symposium on Spatial Data Handing［C］. Zurich Switzerland: Greenwood Press:901-910.

［92］　DUTTON G. 1996. Encoding and handing Geo-spatial data with hierarchical triangular meshes : proceedings of 7th International Symposium on Spatial Data Handing［C］. Netherlands:［s. n.］.

［93］　DUTTON G. 1999. A hierarchical coordinate system for geoprocessing and cartography: Lecture Notes in Earth Sciences ［M］. Berlin:Springer-Verlag.

［94］　DUTTON G. 2000. Universal geospatial data exchange via global hierarchical coordinates: The First International Conference on Discrete Grids,2000［C/OL］［2002-08-18］. http: // www. ncgia. ucsb. edu/globalgrids/papers.

［95］　ERIKSON C, MANOCHA D. 2000. Hierarchical levels of detail for fast display of large static and dynamical environments［R］. Raleigh, North Carolina: Technical report TR00-12, Department of computer science, University of North Carolina at Chapel Hill.

［96］　ESRI. 2005. Introducing ArcGlobe—an ArcGis 3D analyst application［EB/OL］［2005-12-10］. http: // www. esri. com/news/arcnews/summer03articles/introducing-arcglobe. html.

［97］　EVANS F, SKIENA S, VARSHNEY A. 1996. Optimizing triangle strips for fast rendering: proceedings of the IEEE Visualization［C］. New York:IEEE Computer Society:319-326.

［98］　FALBY J S, ZYDA M J, PRATT D R, et al. 1993. NPSNET:hierarchical data structures

for real-time three-dimensional visual simulation [J]. Computer and Graphics, 17 (1):
65-69.

[99] FAUST N, RIBARSKY W, JIANG Tingyi, et al. 2000. Real-time global data model for
the digital earth[J/OL][2003-03-25]. http://www.ncgia.ucsb.edu/globalgrids/papers/
faust.pdf.

[100] FEKETE G, TREINISH L. 1990. Sphere quadtrees: a new data structure to support the
visualization of spherically distributed data: proceedings of SPIE[C]. Santa Clara, CA:
SPIE.

[101] FLORIANI D L, PUPPO E. 1995. Hierarchical triangulation for multi-resolution surface
description[J]. ACM Transactions on Graphics, 14(4):363-411.

[102] GERSTNER T. 2003. Multiresolution visualization and compression of global topographic data
[J]. Geoinformatica, 7(1):7-23.

[103] GEOFUSION. 2005. GeoMatrix toolkit programmer's manual[EB/OL][2009-10-12].
http://www.geofusion.com.

[104] GOLD C M, MUSTAFAVI A M. 2000. Towards the global GIS[J]. ISPRS Journal of
Photogrammetry & Remote Sensing, 55(3):150-163.

[105] GOODCHILD M F. 1994. Criteria for evaluation of global grid models for environmental
monitoring and analysis [G]. NCGIA Technical Report 94[2000-05-12]. http://www.
ncgia.ucsb.edu/pubs/pubslist.html.

[106] GOODCHILD M F, YANG Shiren, DUTTON G. 1991. Spatial data representation and
basic operations for a triangular hierarchical data structure[G]. NCGIA Technical Paper
91-8[2000-05-12]. http://www.ncgiz.ucsb.edu/pubs/publist.html.

[107] GOODCHILD M F, YANG Shiren. 1992. A hierarchical data structure for global geographic
information systems[J]. Computer Vision and Geographic Image Processing, 54 (1):
31-44.

[108] GREGORY M, KIMERLING A, WHITE D, et al. 2008. A comparison of intercell metrics on
discrete global grid systems[J]. Computers, Environment and Urban Systems (32):
188-203.

[109] GROSS M H, STAADT O G, GATTI R. 1996. Efficient triangular surface approximations
using wavelets and quadtree data structures[J]. IEEE Trans. On Visualization and
Computer Graphics, 2(2):22-29.

[110] GTOPO30. 1996. Geogolical Survey: Global 30 arcsecond elevation dataset[DB/OL]
[2004-09-30]. http://edcwww.ct.usgs.gov/landdaac/gtopo30/gtopo30.html.

[111] GUILLOUX F, GILLES F, CARDOSO J. 2009. Practical wavelet design on the sphere
[J]. Applied and Computational Harmonic Analysis(26):143-160.

[112] HEIKES R, RANDALL D A. 1995. Numerical integration of the shallow-water equations on
a twisted icosahedral grid [J]. Monthly Weather Review, 123(6):1862-1880.

[113] HITCHNER L. 1992. A virtual planetary exploration: very large virtual environment:

proceeding of SIGGRAPH 1992, Chicago, July, 1-15 [C]. Danvers: Assison-Wssley Publishing Company.

[114] HOPPE H. 1996. Progressive Meshes: proceedings of SIGRAPH 1996[C]. New Orleans: [s. n.].

[115] HOPPE H. 1997. View-dependent refinement of progressive meshes: proceedings of SIGGRAPH 1997[C]. New York, USA: ACM Press.

[116] HOPPE H. 1998. Smooth view-dependent level-of-detail control and its application to terrain rendering: proceedings of the IEEE Visualization 1998 [C]. New York: IEEE Computer Society.

[117] HUFFMAN D. 1952. A Method for Construction of Minimum Redundancy Codes[J]. proceeding the IRE. 40(9):1098-1011.

[118] JONES C. 1997. Geographical information systems and computer cartography [M]. Singapore: Longman Singapore Publishers Ltd.

[119] KATAJAINEN J. 1990. Tree compression and Optimization with Applications[J]. International Journal of Foundations of Computer Science ,1 (4):425-4471.

[120] KIDNER D B, SMITH D H. 1992. Compression of digital elevation models by huffman coding[J]. Computers& Geosciences,18 (8):1013-1034.

[121] KIESTER A, SAHR K. 2008. Planar and spherical hierarchical, multi-resolution cellular automata[J]. Computers, Environment and Urban Systems (32):204-213.

[122] KIMERLING A J, KEVIN S, DENIS W, et al. 1999. Comparing geometrical properties of global grids[J]. Cartography and Geographic Information Science,26(4):271-288.

[123] KOLAR J. 2004. Representation of the geographic terrain surface using global indexing: proceeding of 12th International Conference on Geoinformatics[C]. Sweden: University of Gävle.

[124] KOLLER D, LINDSTROM P, RIBARSKY W, et al. 1995. Virtual GIS: a real-time 3D geographic information system: proceedings of the IEEE Visualization 1995 [C]. New York: IEEE Computer Society.

[125] LEE M, SAMET H. 2000. Navigating through triangle meshes implemented as linear quadtrees[J]. ACM Transactions on Graphics,19(2):79-121.

[126] LEVENBERG J. 2002. Fast view-dependent level-of-detail rendering using cached geometry: proceedings of the IEEE Visualization 2002[C]. New York: IEEE Computer Society.

[127] LINDSTROM P. 2000. Out-of-core simplification of large polygonal models: proceedings of ACM SIGGRAPH[C]. New Orleans, Louisiana, USA: ACM Press.

[128] LINDSTROM P, KOLLER D, FAUST, et al. 1996. A real-time continuous level of detail rendering of height fields: proceedings of SIGRAPH 1996[C]. Los Angeles, Califormia: ACM Press.

[129] LINDSTROM P, KOLLER D, Ribarsky W, et al. 1997. An integrated global GIS and visual simulation system[R]. Georgia: Tech. Rep. GIT-GVU-97-07, Georgia Institute of

Technology.

[130] LINDSTROM P, PASCUCCI V. 2001. Visualization of large terrains made easy: proceedings of the IEEE Visualization 2001 [C]. San Diego, California, USA: IEEE Computer Society.

[131] LINDSTROM P, PASCUCCI V. 2002. Terrain simplification simplified: a general framework for view-dependent out-of-core visualization[J]. IEEE Transactions on Visualization and Computer Graphics, 8(3):239-254.

[132] LUGO A, Clarke K C. 1995. Implementation of triangulated quadtree sequencing for a global relief data structure: Proceedings of Auto Carto 12, Charlotte, NC, February [C]. Bethesda: ACSM/ASPRS.

[133] LUKATELA H. 1987. Hipparchus geo-positioning model: an overview: proceedings of the Eighth International Symposium on Computer-Assisted Cartography[C]. Baltimore: Maryland.

[134] LUKATELA H. 1989. Hipparchus data structure: points, lines and regions in spherical Voronoi grid: proceedings of the Ninth International Symposium on Computer-Assisted Cartography[C]. Baltimore: Maryland.

[135] LUKATELA H. 2000. A seamless global terrain model in the hipparchus system[C/OL] [2004-06-02]. http://www.geodyssey.com/global/papers.

[136] MARK D B, KATRIN T. 1998. On levels of detail in terrains[J]. Graphical Models and Image Processing, 60(1):1-12.

[137] MATTHEW J, GREGORY A, JON K, et al. 2008. A comparison of intercell metrics on discrete global grid systems [J]. Computers, Environment and Urban Systems, 32 (2008):188-203.

[138] MA Ting, ZHOU Chenghu, XIE Yichun, et al. 2009. A discrete square global grid system based on the parallels plane projection [J]. International Journal of Geographical Information Science, 23 (10):1297-1313.

[139] MOSATAFAVI A. 2001. Development of a global dynamic data structure[D]. Quebec, Canada: Laval University.

[140] NICHOLAS M, SHORT J, ROBERT F, et al. 1995. Mission to the planet earth: ai views the world[EB/OL][2003-06-25]. http://csdl.computer.org/comp/mags/ex/1995/06/x6024abs.html.

[141] NIMA. 2003. Digital terrain elevation data[DB/OL][2005-12-13] http://www.niama.mil/.

[142] OLSEN A, STEVENS D, WHITE D. 1998. Application of global grids in environmental sampling[J]Computing Science and Statistics, 30:279-284.

[143] OTOO E, ZHU Hongwen. 1993. Indexing on spherical surfaces using semi-quadcodes: Advances in spatial Databases 3th International Symposium, SSD 1993, Singapore[C]. Berlin: Springer-Verlag.

[144] OTTOSM P,HAUSKA H. 2002. Ellipsoidal quadtree for indexing of global geographical data [J]. International Journal of Geographical Information Science,16(3):213-226 .

[145] PAJAROLA R. 1998a. Large scale terrain visualization using the restricted quadtree triangulation:proceedings of the IEEE Visualization 1998 [C]. North Carolina, USA: IEEE Computer Society and ACM.

[146] PAJAROLA R. 1998b. Access to large scale terrain and image databases in geoinformation systems[D]. Zürich,Switzerland:Swiss Federal Institute of Technology (ETH) Zürich.

[147] PANG Ming,SHI Weidong. 1998. Modeling hierarchical structure of spatial processes using Voronoi spatial model:proceeding of 8th International Symposium on Spatial Data Handling,July,Vancouver,Canada[C]. SDH'98,Columbia (British):Taylor & Francis.

[148] PASCUCCI V, Frank R J. 2001. Global static indexing for real-time exploration of very large regular grids:proceedings of Supercomputing 2001[C]. Denver,Colorado, USA: IEEE Computer Society and ACM.

[149] REDDY M,LECLERC Y,IVERSON L,et al. 1999. Terravision II:visualizing massive terrain databases in VRML[J]. IEEE Computer Graphics& Applications,19(2):30-38.

[150] RÖTTGER S, HEIDRICH W, SLUSSALLEK P, et al. 1998. Real-time generation of continuous levels of detail for height fields:proc. 6th Int. Conf. In Central Europe on Computer Graphics and Visualization[C] // Skala V, eds. WSCG 1998. Plzen:University of West Bohemia Press:315-322.

[151] SADOURNY R, ARAKAWA A, MINTZ Y. 1968. Integration of the nondivergent barotropic vorticity equation with an icosahedral-hexagonal grid for sphere[J]. Monthly Weather Review,96(6):351-356.

[152] SAHR K. 2005. Icosahedral modified generalized balanced ternary and aperture 3 hexagon tree,international patent application[P]. Applegate,US,20050193365.

[153] SAHR K. 2008. Location coding on icosahedral aperture 3 hexagon discrete global grids[J]. Computers Environment and Urban Systems,(32):174-187.

[154] SAHR K,DENIS W, KIMERLING A. 2003. Geodesic discrete global grid systems[J]. Cartography and Geographic Information Science,30(2):121-134.

[155] SAHR K,WHITE D. 1998. Discrete global grid system[C] // Weisberg S,eds. Computing Science And Statistics (30): proceedings of the 30th Symposium on the Interface. Computing Science and Statistics. Minneapolis, Minnesota. Fairfax Station: Interface Foundation of North America:269-278.

[156] SATOSHI I,FENG Xiao. 2010. A global shallow water model using high order multi-moment constrained finite volume method and icosahedra grid [J]. Journal of Computational Physics(229):1774-1796.

[157] SEONG J C. 2005. Implementation of an equal-area gridding method for global-scale image archiving[J]. Photogrammetric Engineering & Remote Sensing,71(5):623-627.

[158] SHANTANU D R,GUILLERMO S. 2001. Evaluation of JPEG-LS,the new lossless and

controlled-lossy still image compression standard for compression of high-resolution elevation data[J]. IEEE Transactions on Geoscience and Remote Sensing. 39 (10): 2298-2306.

[159] SMITH D H, LEWIS M. 1994. Optimal predictors for compression of digital elevation mode[J]. Computers & Geosciences, 20 (7/8):1137-1141.

[160] SONG Lian, KIMERLING A J, SAHR K. 2002. Developing an equal area global grid by small circle subdivision [C/OL] // GOODCHILD M F, KIMERLING A J, eds. Discrete global grids: a web book. Santa Barara:[s. n.][2005-04-12]. http://www.ncgia. ucsb. edu/globalgridbook.

[161] SUN Wenbin, ZHAO Xuesheng. 2006. A global-scale image lossless compression method based on QTM pixels[J]. Journal of China University of Mining & Technology,16(4): 466-469.

[162] TEANBY N. 2006. An icosahedron-based method for even binning of globally distributed remote sensing data[J]. Computers & Geosciences,32 (2006) :1442-1450.

[163] THUBURN J. 1997. A PV-based shallow-water model on a hexagonal-icosahedral grid [J], Monthly Weather Review(125):2328-2347.

[164] TURNER B. 2000. Real-time dynamic level of detail terrain rendering with ROAM [EB/ OL][2003-10-22]. http://www. gamasutra. com/features/20000403/turner 01. htm.

[165] ULRICH T. 2002. Rendering massive terrains using chunked level of detail control[R/ OL] [2004-08-10] . http: // www. labri. fr/Perso/ preuter/imageSynthesis/03-04/ presentations/ fannyguillaume. ppt.

[166] VINCE A. 2006. Indexing the aperture 3 hexagonal discrete global grid[J]. Journal of Visual Communcation & Image Representation(17):1227-1236.

[167] WANG Jinfei, ZHANG Kaizhong, TANG Shouwen. 1995. Spectral and spatial decorrelation of Land-TM data for lossless compression[J]. IEEE Trans Geoscience Remote Sensing,33 (5):1277-1285.

[168] WEINBERGER M J. 2000. The LOCO-I lossless image compression algorithm:principles and standardization into JPEG-LS[J]. IEEE Transactions on Image Processing,9(8): 1309-1324.

[169] WHITE D. 2000. Global grids from recursive diamond subdivisions of the surface of an octahedron or icosahedron[J]. Environmental Monitoring and Assessment,4(1):93-103.

[170] WHITE D, KIMMERLING J, OVERTON W S. 1992. Cartographic and geometric components of a global sampling design for environment monitoring[J]. Cartography & Geographical Information Systems,19(1):5-22.

[171] WHITE D, KIMMERLING A J, SAHR K, et al. 1998. Comparing area and shape distortion on polyhedral based recursive tessellations of the sphere[J]. International Journal of Geographical Information Science,12(8):808-827.

[172] WICKMAN F E, ELVERS E. 1974. A system of domains for global sampling problems[J].

Geografiska Annaler，56(3/4):201-212.

[173] WU Xiaolin. 1997. Lossless compression of continuous-tone images via context selection
       quantization,and modeling[J]. IEEE Transactions on Image Processing(6):656-664.

[174] XIA Julie，VARSHNEY A. 1996. Dynamic view-dependent simplification for polygonal
       models:proceedings of the IEEE Visualization 1996[C]. Hiroshima:Springer.

[175] YANG Weiping,GOLD C. 1996. Managing spatial objects with the VMO-Tree:proceedings of
       7th International Symposium on Spatial Data Handing[C]. Netherlands:Springer.

[176] ZHENG Xiqiang. 2007. Efficient Fourier Transforms on Hexagonal Arrays[D]. Florida:
       University of Florida.